高等职业教育机电类专业"十三五"规划教材

电 子 技 术

主　编　刘艳云　陈　贤
副主编　付华良　尹金花　杨　华　马莹莹
主　审　王一凡

中国铁道出版社有限公司
CHINA RAILWAY PUBLISHING HOUSE CO., LTD.

内 容 简 介

本书以常用典型的小型电子工程任务解决方案为特色。主要内容包括:直流稳压电源的制作与调试,扩音机电路的分析与测试,复合仪表放大电路的制作与调试,三人表决器电路的设计与制作,一位十进制编码、译码显示电路的设计,抢答器电路的设计与制作,数字钟的电路设计与制作等7个典型电子技术应用项目,每个项目安排了相关知识和实践训练等内容。本书内容具有典型性、实用性、先进性、可操作性。

本书适合作为高等职业教育自动化类、电子信息类等相关专业的课程教材,也可作为相关工程技术人员培训和自修用书。

图书在版编目(CIP)数据

电子技术/刘艳云,陈贤主编. —北京:中国铁道出版社,
2018.2(2024.1重印)
高等职业教育机电类专业"十三五"规划教材
ISBN 978-7-113-24128-5

Ⅰ.①电… Ⅱ.①刘… ②陈… Ⅲ.①电子技术-高等职业
教育-教材 Ⅳ.①TN

中国版本图书馆 CIP 数据核字(2018)第 023894 号

书　　名:	**电子技术**	
作　　者:	刘艳云 陈 贤	

策　　划:何红艳		编辑部电话:(010)63560043
责任编辑:何红艳 绳 超		
封面设计:付 巍		
封面制作:刘 颖		
责任校对:张玉华		
责任印制:樊启鹏		

出版发行:中国铁道出版社有限公司(100054,北京市西城区右安门西街8号)
网　　址:http://www.tdpress.com/51eds/
印　　刷:三河市航远印刷有限公司
版　　次:2018年2月第1版　2024年1月第5次印刷
开　　本:787 mm×1 092 mm　1/16　印张:9.5　字数:231 千
书　　号:ISBN 978-7-113-24128-5
定　　价:30.00 元

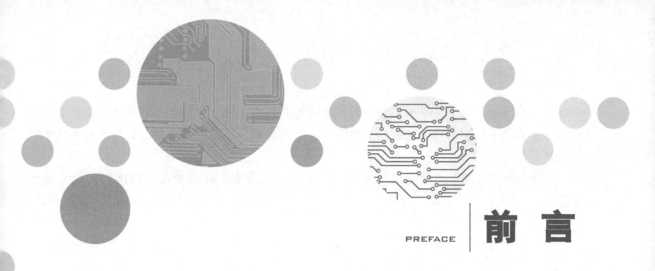

本书是结合企业实际典型应用编写的，是基于工作过程导向，面向"双师型"教师和工程技术行业技术人员，服务于自动化类、电子信息类等相关专业职业能力培养的项目化教材。

编写背景

坚持基于工作过程导向的项目化教学改革方向，坚持将行业、企业中典型、实用、操作性强的工程项目引入课堂，坚持发挥行动导向教学的示范辐射作用。以七个项目带领读者学习与实践常用典型的小型电子工程任务，指导读者从理论到实践全面掌握电子技术相关知识。

随着电子技术的快速发展和广泛应用，常州纺织服装职业技术学院相关教师参照行业、企业标准和工艺要求，设计完成了《电子技术》教材框架设计、现场交流、应用测试、文案编撰、资源制作、资料整合等工作。

教材特点

本书围绕电子技术工程任务所需核心技术，构成典型案例，内容涵盖了电子技术重要知识与技能，进行了循序渐进的工作导向描述。每个项目的实践教学环节均有实际操作视频教学，用二维码的形式展示出来，读者可以通过扫描二维码来学习。编写遵循"典型性、实用性、先进性、可操作性"原则，精美的图片及信息化手段的综合运用，将学习融于轻松、愉悦的环境中，力求达到提高学生学习兴趣和效率以及易学、易懂、易上手的目的。

基本内容

由 7 个项目组成，项目 1～项目 3 为模拟电子技术部分，项目 4～项目 7 为数字电子技术部分，主要包括：直流稳压电源的制作与调试，扩音机电路的分析与测试，复合仪表放大电路的制作与调试，三人表决器电路的设计与制作，一位十进制编码、译码显示电路的设计，抢答器电路的设计与制作以及数字钟的电路设计与制作等，通过每个项目的分析来学习电子技术的相关知识与技能。

本书由常州纺织服装职业技术学院刘艳云、陈贤任主编；常州纺织服装职业技术学院付华良、尹金花、杨华，吉林电子信息职业技术学院马莹莹任副主编。具体编写分工如下：刘艳云编写了项目 2 和项目 3，陈贤编写了项目 1 和项目 4，尹金花编写了项目 5，付华良编写了项目 6 和项目 7，杨华和马莹莹共同负责实践训练的编写。全书由刘艳云策划和统稿，王一凡主审。

在本书编写过程中，得到了常州纺织服装职业技术学院、吉林电子信息职业技术学院和校企合作单位等领导的大力支持，在此表示衷心的感谢！同时也要感谢企业技术人员对本书编写提供的帮助！

限于编者的经验、水平以及时间限制，书中难免存在不足和缺陷，敬请广大读者批评指正。

编　者

2017 年 12 月

CONTENTS | 目 录

项目❶ 直流稳压电源的制作与调试

由于电子技术的特性,电子设备对电源电路的要求就是能够提供持续稳定、满足负载要求的电能,而且通常情况下都要求提供稳定的直流电能,能完成此项任务的就是直流稳压电源。直流稳压电源在电源技术中占有十分重要的地位。另外,很多电子爱好者初学阶段首先遇到的就是要解决电源问题,否则电路无法工作、电子制作无法进行。

🖥 兴趣导入

无论是硬件 DIY 爱好者还是维修技术人员,你能够说出主板、声卡等配件上那些小元件叫什么吗?它们有什么作用?如果想成为元件(芯片)级高手的话,掌握一些相关的电子知识是必不可少的!

相关知识1 直流稳压电源的组成

⚙ 学习目标

① 熟悉由交流电到直流电转换的各个步骤。

② 掌握直流稳压电源的制作。

很多电子设备需要稳定的直流电源,但是电网电压是 220 V 交流供给,所以需要将交流电转换成直流电。

直流稳压电源的基本结构如图 1-1 所示。它主要由电源变压器、整流电路、滤波电路和稳压电路组成。

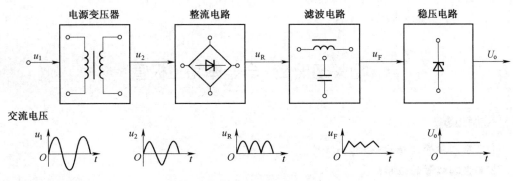

图 1-1　直流稳压电源的基本结构

1 电源变压器

家用电子设备的电压一般比较低,通常为几伏到十几伏,而电网的电压单相对地为 220 V,所以需要变压器进行降压。常用的小型变压器如图1-2所示。

2 整流电路

将交流电变成脉动直流电的电路称为整流电路,完成整流功能的是半导体二极管。

3 滤波电路

将整流出来的脉动直流电滤除其脉动分量,即为比较平滑的直流电的电路称为滤波电路,完成这一功能的是电容。电源变压器、整流电路与滤波电路的连接示意图如图1-3所示。

图1-2 常用的小型变压器

4 稳压电路

将较为平滑的直流电变成稳定的直流电的电路称为稳压电路,完成稳压功能的是稳压管或稳压块,常见的稳压块如图1-4所示。

图1-3 电源变压器、整流电路与
滤波电路的连接示意图

图1-4 常见的稳压块

相关知识2 半导体和二极管

学习目标

①了解二极管的结构、分类和特性。

②掌握二极管的应用。

自然界的物质就其导电性能可分为导体、绝缘体和半导体。导体是善于导电的物体,即能够让电流通过材料;不善于导电的物体称为绝缘体;常温下导电性能介于导体与绝缘体之间的材料是半导体,根据半导体晶体结构来分,可以分为本征半导体和掺杂半导体两大类。

半导体之所以在电子器件中得到广泛应用,是由于它具有独特的导电特性。

（1）热敏性

半导体的电阻率随温度的变化值很大，且通常是具有负的温度系数，即温度越高，电阻率越小。当它的温度每升高 1℃ 时，电阻率就将会下降百分之几到百分之几十。

（2）光敏性

半导体的导电性能会随着光照的不同而改变，光照越强，电阻率越低。

（3）可掺杂性

半导体中掺入微量的杂质，它的电阻率将会发生很大的变化。若在半导体中掺入千万分之一的杂质，其电阻率就将会下降到原来的十几分之一。

1　掺杂半导体

掺杂半导体即在本征半导体中掺入微量的其他元素（称为杂质）的半导体，它的导电性能将得到大大提高。若掺入五价元素则成为 N 型半导体，若掺入三价元素则成为 P 型半导体。

图 1-5 所示的是在本征半导体中掺入了微量的五价元素磷（P），使其在某些位置上取代了硅（Si）原子而构成了 N 型半导体。其自由电子的数目比空穴多，故称自由电子为多数载流子，空穴为少数载流子，所以，在 N 型半导体中，主要是靠自由电子导电。

图 1-6 所示的是在本征半导体中掺入了微量的三价元素硼（B），使其在某些位置上取代了硅（Si）原子而构成了 P 型半导体。其空穴的浓度高，故称空穴为多数载流子，电子为少数载流子，所以，在 P 型半导体中，主要是靠空穴导电。

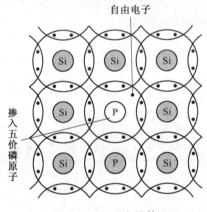

图 1-5　N 型半导体

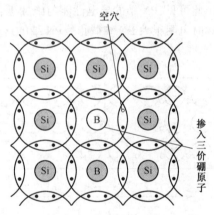

图 1-6　P 型半导体

2　PN 结的形成

如果把 P 型半导体与 N 型半导体结合在一起，会产生扩散的现象，即 P 型半导体中的空穴向 N 型半导体中扩散，N 型半导体中的电子向 P 型半导体中扩散，如图 1-7（a）所示。载流子的这种扩散运动，使交界处附近的电子与空穴互相复合，其结果，使靠近 P 区的 N 型半导体中缺少了电子而形成正电荷的积累，而靠近 N 区的 P 型半导体中缺少了空穴而形成负电荷的积累。由于正负电荷的积累而产生了内建电场 E，其极性是 N 区一侧为正，P 区一侧为负，如图 1-7（b）所示。对交界处两侧缺少载流子的区域称为空间电荷区，又称 PN 结。

3　PN 结的单向导电性

（1）PN 结外加正向电压

PN 结外加电源 E' 的正极接于 P 区，负极接于 N 区，这种连接方式称为 PN 结正向偏置，如

图 1-8 所示,外加电源 E' 与内建电场 E 的作用方向相反,因而削弱了内建电场的作用,使空间电荷区变窄,即促进了载流子的扩散运动,PN 结两端所施加的正向电压越大,空间电荷区越窄,其中流过的电流越大。

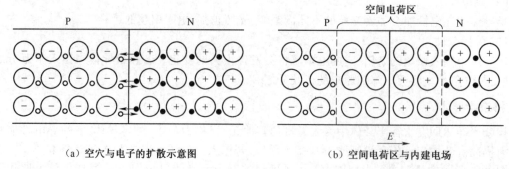

（a）空穴与电子的扩散示意图　　　　　　（b）空间电荷区与内建电场

图 1-7　PN 结的形成

（2）PN 结外加反向电压

PN 结外加电源 E' 的正极接于 N 区,负极接于 P 区,这种连接方式称为 PN 结反向偏置,如图 1-9 所示,外加电源 E' 增强了内建电场的作用,使空间电荷区变宽,致使多数载流子的扩散运动难以进行,PN 结处于截止状态。在这种状态下,PN 结所呈现出来的电阻称为反向电阻,其值很大。

由此可见,PN 结的导电性能与施加于它两端的电压方向有关,当正偏时电阻很小 PN 结导通,而反偏时电阻很大 PN 结截止。PN 结的这种性能,称为单向导电性。

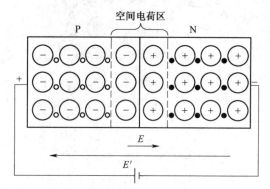
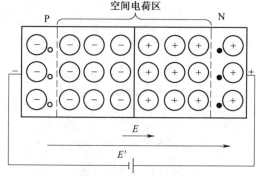

图 1-8　PN 结外加正向电压空间电荷区变窄　　　　图 1-9　PN 结外加反向电压空间电荷区变宽

4　半导体二极管

（1）二极管的结构

半导体二极管(简称"二极管")是由一个 PN 结,再加上两个电极引线和一个外壳构成的,如图 1-10 所示。由 P 区引出的电极称为阳极,由 N 区引出的电极称为阴极,在电路中的图形符号是"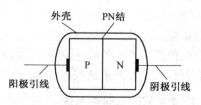",并用字母 VD(或 D)表示。

（2）二极管的种类

根据二极管的性能与用途的不同,可分为普通二极管、稳压二极管、隧道二极管、开关二极管、发光二极管、变容二极管等,如图 1-11 所示。

图 1-10　二极管结构示意图

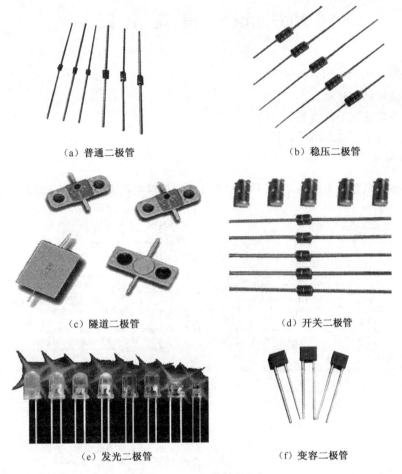

（a）普通二极管　　　　　　　　　　（b）稳压二极管

（c）隧道二极管　　　　　　　　　　（d）开关二极管

（e）发光二极管　　　　　　　　　　（f）变容二极管

图 1-11　二极管的种类

（3）二极管的伏安特性

二极管的伏安特性如图 1-12 所示，由图可见，当它的两端电压为零时，其中的电流也为零。当正向电压较小时，外电场不足以克服内电场；正向电流较小，称为死区。通常硅管的死区电压为 0.5 V，锗管的死区电压为 0.1 V。

当在其两端施加正向电压达 U_D（正向电压降）时，其中流过的电流 I 迅速增大，此时，即为它的正向导通。通常硅管导通压降为 0.7 V，锗管为 0.3 V。

当施加反向电压时，即从阴极流向阳极的电流，其值非常小，且随反向电压的增大而变化很小，这即为它的反向截止特性，当达到反向击穿电压 U_F 时，电流急剧增大，二极管被击穿。

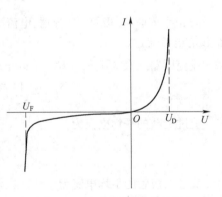

图 1-12　二极管的伏安特性

综上可见，在二极管的两端施加正向电压时，电流很大，电阻很小，可视为短路；而在二极管的两端施加反向电压时，电流很小，电阻很大，可视为开路。因而，二极管具有正向导通，反向截止的单向导电的特性。

相关知识3 整流电路

①熟悉整流电路的组成。

②会分析半波整流和桥式整流电路。

③能够进行简单整流电路的设计。

1 单相半波整流

单相半波整流电路是由变压器、一只二极管 VD 和负载电阻 R_L 组成的,如图 1-13 所示。

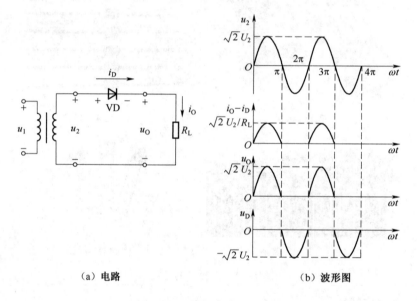

（a）电路　　　　　　　　　　（b）波形图

图 1-13　单相半波整流电路

u_2 正半周时,二极管 VD 导通,电流流经负载 R_L 回到电源;u_2 负半周时,二极管 VD 截止,负载 R_L 没有电流流过。

设变压器二次电压 $u_2 = U_{2m}\sin \omega t = \sqrt{2} U_2\sin \omega t$,负载上输出的平均电压 U_O 为

$$U_O = \frac{1}{2\pi}\int_0^{\pi}\sqrt{2}U_2\sin \omega t \mathrm{d}(\omega t) = 0.45U_2 \tag{1-1}$$

流过负载的平均电流为

$$I_O = \frac{U_O}{R_L} = 0.45\frac{U_2}{R_L} \tag{1-2}$$

流过二极管的平均电流为

$$I_D = I_O = 0.45\frac{U_2}{R_L} \tag{1-3}$$

二极管在关断期间承受的最大反向电压为

$$U_{DRM} = \sqrt{2}U_2 \tag{1-4}$$

2　单相桥式整流

单相桥式整流电路如图 1-14（a）~ 图 1-14（d）所示，由图可见，它有四个二极管，其中图 1-14（a）VD$_1$、VD$_4$ 串联构成一个桥臂，VD$_2$、VD$_3$ 串联构成另一个桥臂，这四个二极管构成一个电桥，所带的负载是电阻 R_L。

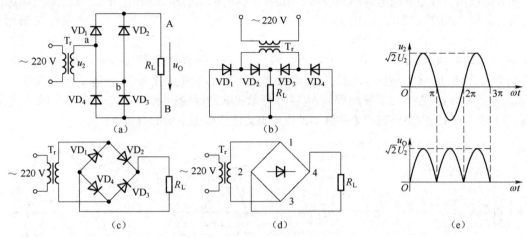

图 1-14　单相桥式整流电路及波形图

u_2 正半周时，VD$_1$ 和 VD$_3$ 导通，电流从正极流经 VD$_1$、R_L、VD$_3$ 回到电源负极，负载 R_L 上的电压 U_O 上正下负，流经负载 R_L 上的电流 i_O 从 A 流向 B。

u_2 负半周时，VD$_2$ 和 VD$_4$ 导通，电流从正极流经 VD$_2$、R_L、VD$_4$ 回到电源负极，负载 R_L 上的电压 U_O 仍然是上正下负，流经负载 R_L 上的电流 i_O 仍然是从 A 流向 B。

从波形图上可以看出，桥式整流电路的电源利用率高，所以应用十分广泛。

设变压器二次电压 $u_2 = U_{2m}\sin \omega t = \sqrt{2} U_2\sin \omega t$，负载上输出的平均电压 U_O 为

$$U_O = \frac{1}{\pi} \int_0^{\pi} \sqrt{2} U_2\sin \omega t \mathrm{d}(\omega t) = 0.9 U_2 \tag{1-5}$$

流过负载的平均电流为

$$I_O = \frac{U_O}{R_L} = 0.9 \frac{U_2}{R_L} \tag{1-6}$$

流过二极管的平均电流为

$$I_D = \frac{1}{2} I_O = 0.45 \frac{U_2}{R_L} \tag{1-7}$$

二极管在关断期间承受的最大反向电压为

$$U_{DRM} = \sqrt{2} U_2 \tag{1-8}$$

相关知识 4　滤　波　电　路

学习目标

①熟悉滤波电路的组成。
②能够进行简单滤波电路的计算及设计。

1 滤波电路的组成

滤波电路可以把整流后电压中脉动分量的绝大部分滤除,而得到较为平滑的直流电压。滤波电路有多种,而在传感器电路中大多采用电容滤波,故下面仅对电容滤波电路予以介绍。其原理如图1-15(a)所示。

电容滤波的原理是利用电容的充放电作用,改善输出电压的脉动程度。图1-15(b)所示为电容滤波电路输入/输出波形图,图中:$\omega t = 0$ 时为初始工作状态(即此前电容 C 上无电荷),u_2 开始从零上升,VD_1 和 VD_4 导通,电流分两路,一路流经负载 R_L,一路给电容充电,二极管导通的正向电阻较小,所以电容两端电压上升速度很快,可以跟上 u_2 的上升速度,如图1-15(b)$0<\omega t<\theta$ 段,当 u_2 开始下降,由于 R_L 较大,电容放电的时间常数 R_LC 大,所以放电速度较慢,使得 u_d 不再随着 u_2 变化,而此期间 $u_d > u_2$,四个二极管均反偏,电容 C 开始放电,当负载上电压小于 u_2 时,又开始给电容充电,以此重复进行,就将整流出来的脉动的直流电滤波成较为平滑的直流电。

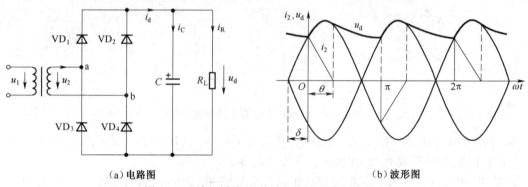

(a)电路图　　　　　　　　　　　　　　　(b)波形图

图1-15　单相桥式整流电容滤波电路及波形图

2 滤波电路的特点

①电容滤波使输出电压的直流平均值提高了,这是由于电容储能作用的结果。

带滤波电容的电路,当 $R_L = \infty$ 时,输出电压平均值即为 $\sqrt{2}\,U_2$(因只充电不放电)。而当不接滤波电容时的桥式整流电路的输出电压为 $0.9U_2$,半波整流的输出电压为 $0.45U_2$,故

桥式整流电路接电容滤波的输出电压近似估算为

$$U_0 \approx 1.2U_2, C \geqslant (3 \sim 5)\frac{T}{2R_L} \tag{1-9}$$

半波整流电路接电容滤波的输出电压近似估算为

$$U_0 \approx U_2, C \geqslant (3 \sim 5)\frac{T}{R_L} \tag{1-10}$$

式(1-9)和式(1-10)中 T 是电源电压的周期。

②电容滤波使输出电压中的脉动分量减少了,这同样也是电容的充放电效应所致。电容滤波电路的时间常数为 R_LC,时间常数越大,则其放电的时间越长,脉动成分越少。所以,电容滤波只适用于滤波电容较大,负载电阻较大且基本不变的场合。

③电容滤波使整流二极管的导通时间缩短了(在电容放电期间内,二极管截止),而且电容放电时间常数越大,其导通角越小,这使得整流二极管在短暂的导通时间内将流过一个很大的冲击电流,对二极管使用寿命不利,故必须适当加大整流管的电流容量,或者在二极管前面再串联一个限流电阻(几欧至几十欧)。

相关知识 5　稳　压　电　路

学习目标

①熟悉稳压电路的组成。

②了解集成稳压电路。

实际工作中,经整流滤波后已经变得比较平稳的直流电压,常常受电网电压的波动或负载变化的影响而变化,应采取稳压措施,以保证负载两端的电压基本不变。具有稳压功能的电路称为稳压电路,下面介绍几种最简单的稳压电路。

1　并联型硅稳压管稳压电路

硅稳压管是一种采用特殊工艺制造的具有稳压作用的二极管。它的外形与普通二极管基本相同,图形符号如图 1-16(a)所示,文字符号是 VS。硅稳压管的伏安特性曲线如图 1-16(b)所示。

由伏安特性曲线可以看出:硅稳压管的正向特性曲线与普通二极管相似,但反向特性曲线比普通二极管陡峭。在反向电压较小时,硅稳压管截止(有极弱的反向电流)。当反向电压达到某一数值 U_z 时,硅稳压管被反向击穿。此时电压稍有增加,电流就会有很大增加,即在反向击穿区,硅稳压管的电流在很大范围内变化,U_z 却基本不变(见伏安

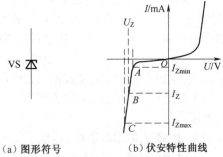

(a) 图形符号　　　　(b) 伏安特性曲线

图 1-16　硅稳压管的图形符号及伏安特性曲线

特性曲线 AC 段),硅稳压管正是利用这一特性来进行稳压的。只要控制反向电流不要太大,硅稳压管就可以长时间工作在反向击穿区。其 U_z 称为硅稳压管的稳定电压。

由于硅稳压管工作在反向击穿状态,所以使用时,它的阳极必须接电源负极,阴极必须接电源正极。如果极性接反,则硅稳压管两端的正向电压只有 0.7 V,不能起到预期的稳压作用。

硅稳压管的主要参数有:

(1)稳定电压 U_z

指正常工作时,硅稳压管两端的反向电压。对于某一型号的硅稳压管,每个硅稳压管的稳定电压不完全相同,稍有差别,所以通常是给出该型号硅稳压管稳定电压的一个范围,如 2CW104 稳压管的稳压范围是 5.5~6.5 V。

(2)稳定电流 I_z

指维持稳定电压 U_z 时的工作电流,即伏安特性曲线对应 B 点的电流。

(3)最大稳定电流 I_{ZM}

指硅稳压管的最大工作电流。若超过该电流,硅稳压管将会过热而损坏。

图 1-17 所示为一简单的并联型硅稳压管稳压电路。它由限流电阻 R 和硅稳压管 VS 组成,硅稳压管 VS 反向并联在负载两端。

该电路的工作原理如下:

经整流滤波后得到的直流电压 U_i,再经过 R 和 VS 组成的稳压电路后送到负载上,其电压、电流的关系为

$$U_i = IR + U_o \tag{1-11}$$

$$I = I_z + I_o \qquad (1-12)$$

①设电源电压 U_i 不变。当负载电阻 R_L 减小时，负载电流 I_o 增大，流过限流电阻 R 的电流增大，R 上的压降 IR 增大，输出电压 U_o 将下降。而硅稳压管并联在输出端（$U_z = U_o$），由其伏安特性可知：当硅稳压管两端的电压略有下降时，电流 I_z 将急剧减小，总电流 I 减小，从而使得 U_o 上升，来抵消负载减小 U_o 下降的变化。硅稳压管会调整 I，使其基本保持不变（$I = I_o + I_z$）。从而使 U_o 基本保持不变。上述过程可简明表示如下：

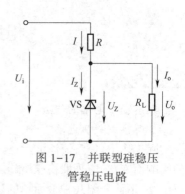

图 1-17　并联型硅稳压管稳压电路

$$R_L\downarrow \rightarrow I_o\uparrow \rightarrow IR\uparrow \rightarrow U_o\downarrow \rightarrow I_z\downarrow \rightarrow I\downarrow \rightarrow IR\downarrow \rightarrow U_o\uparrow$$

同理，当负载电阻 R_L 增大时，由于硅稳压管的稳压作用，也能保证输出电压稳定。

②设负载不变。若电源电压波动升高，则使整流滤波电路输出电压 U_i 上升，引起负载两端的电压 U_o 增加。但此时稳压管的电流 I_z 急剧增加，则电阻 R 上的压降增大，以此来抵消 U_i 的升高，从而使输出电压基本保持不变。上述过程可简明表示如下：

$$U_i\uparrow \rightarrow U_o\uparrow \rightarrow I_z\uparrow \rightarrow I\uparrow \rightarrow IR\uparrow \rightarrow U_o\downarrow$$

同理，若电源电压波动使负载两端的电压 U_o 减小，其工作过程与上述相反，U_o 仍保持稳定。

由以上分析可知，限流电阻 R 不仅有限流作用，还起调节输出电压的作用，与硅稳压管配合共同实现稳压。

在图 1-17 所示稳压电路中，硅稳压管 VS 作为电压调整器件与负载并联，故又称为并联型稳压电路。该电路结构简单，但受硅稳压管最大电流限制，稳定度差，且输出电流很小。另外，当负载开路时，输出电流将全部流过硅稳压管，若此电流超过硅稳压管的最大稳定电流就会烧坏硅稳压管。因此，这种电路只能应用在要求不高的小电流稳压电路中。

2　简单串联型晶体管稳压电路

（1）串联稳压原理

图 1-18（a）是串联型稳压电路原理图。由图可得负载电压为

$$U_o = \frac{R_L}{R_L + R_P}U_i \quad (1-13)$$

由式（1-13）可知，当输入电压 U_i 增大时，只要调节 R_P 使其阻值增大，就可使负载电压保持不变；当 U_i 减小时，则减小 R_P 的阻值。但是这种手动调节是不实用的。在实际应用中，常采用晶体管来代替可调电阻而组成串联型晶体管稳压电路。

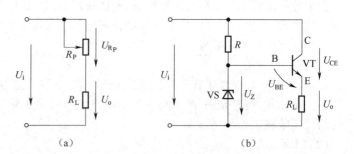

图 1-18　串联型稳压电路原理图及简单串联型晶体管稳压电路

根据晶体管特性，可用晶体管作为调整元件来代替图 1-18（a）中的 R_P，如图 1-18（b）所示。此时晶体管的集-射两极（C、E）就相当于 R_P 的两固定端，而基极（B）就相当于 R_P 的滑动端。当 I_B 增大时，晶体管趋于导通，相当于把 R_P 调小，则 U_{CE} 降低，使输出电压升高；当 I_B 减小时，晶体管趋于截止，相当于把 R_P 调大，则 U_{CE} 升高，使输出电压降低。由于晶体管能起电压调节作用，所以把它称为调整管。

（2）简单串联型晶体管稳压电路（又称线性稳压电路）工作原理

图 1-18（b）所示为简单串联型晶体管稳压电路，与图 1-17 所示的并联型硅稳压管稳压电路相比，在硅稳压管稳压电路的输出端增加了一个晶体管（即调整管）。R 既是稳压管的限流电阻，又是调整管的偏置电阻，它和硅稳压管组成的稳压电路向调整管基极提供一个稳定的直流电压 U_Z，称为基准电压。在图 1-18（b）中：

$$U_{BE} = U_Z - U_o \tag{1-14}$$
$$U_o = U_i - U_{CE} \tag{1-15}$$

假设因某种原因，电网电压升高或负载阻抗变化，导致输出电压 U_o 增大，由于硅稳压管的基准电压 U_Z 不变，根据式（1-14）可知 U_{BE} 将减小，于是晶体管的基极电流减小，使 U_{CE} 增大，由式（1-15）可知，最终可使 U_o 下降，保持输出电压基本稳定。上述稳压过程可简明表示如下：

$$U_o \uparrow \rightarrow U_{BE} \downarrow \rightarrow I_B \downarrow \rightarrow U_{CE} \uparrow \rightarrow U_o \downarrow$$

简单串联型晶体管稳压电路的负载电流不通过硅稳压管，而通过调整管，因此，能比硅稳压管稳压电路提供较大的输出电流，稳压效果也较好。但是调整管必须工作在线性放大状态，调整管上始终有一定的电压降，在输出较大工作电流时，致使调整管的功耗太大。

3　集成稳压器

用集成电路的形式制成的稳压电路称为集成稳压器。由于它体积小，使用灵活，性能可靠，目前已基本取代了分立元件稳压器。

（1）集成稳压器的分类及主要参数

集成稳压器按引出端和使用情况来分，大致可分为多端可调式、三端固定式、三端可调式及单片开关式等几种。其中，以三端固定式集成稳压器应用最广。三端集成稳压器有三个引脚，外形与晶体管相似，按功率大小不同可采用金属或塑料外壳封装，使用和安装也和晶体管一样简便。

①三端固定式集成稳压器。三端固定式集成稳压器的三端是指电压输入、电压输出和公共接地三端。所谓"固定"是指该稳压器有固定的电压输出。典型的产品有 CW78×× 正电压输出系列和 CW79×× 负电压输出系列。其型号意义如下：

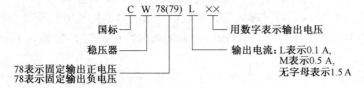

例如，CW78L15 表示输出电压为 +15 V、输出电流为 0.1 A 的固定式集成稳压器；CW7915 表示输出电压为 -15 V、输出电流为 1.5 A 的固定式集成稳压器。

三端固定式集成稳压器的外形及引脚图如图 1-19 所示。

主要参数：

a. 最小输入电压 U_{min}。集成稳压器进入正常稳压工作状态的最小工作电压即为最小输入电压 U_{min}。若低于此值，稳压器性能将变差。

b. 最大输入电压 U_{max}。集成稳压器安全工作时允许

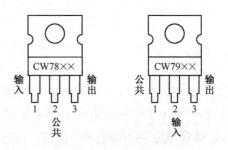

图 1-19　三端固定式集成稳压器的外形及引脚图

外加的最大输入电压。若超过此值,稳压器有被击穿的危险。

c. 输出电压 U_o。稳压器的参数符合规定指标时的输出电压。对同一型号稳压器而言,输出电压是一个常数。

d. 输出最大电流 I_{OM}。稳压器能保持输出电压不变的最大输出电流。一般也认为它是稳压器的安全电流。

②三端可调式集成稳压器。三端可调式集成稳压器的三端是指电压输入、电压输出和电压调整三端。它的输出电压可调,而且也有正负之分。比较典型的产品有输出正电压的 CW117/CW217/CW317 系列及输出负电压的 CW137/CW237/CW337 系列,它们的输出电压分别在 $\pm(1.2 \sim 37)$ V 间连续可调。其型号意义如下:

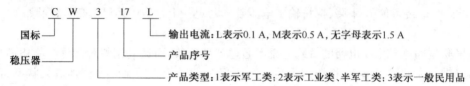

主要参数:

a. 最小输入/输出压差 $(U_i - U_o)_{min}$。指稳压器能正常工作的输入电压与输出电压之间的最小电压差。若输入/输出压差小于 $(U_i - U_o)_{min}$,则稳压器输出纹波变大,性能变差。

b. 输出电压范围。指稳压器参数符合规定指标时的输出电压范围,即用户可以通过采样电阻而获得的输出电压范围。

(2) 集成稳压器的使用

使用集成稳压器应注意以下几点:

①在接入电路前,要弄清楚各引脚的作用。如 CW78×× 系列和 CW79×× 系列稳压器的引脚功能就有很大不同。CW78×× 系列中 1 表示输入端,2 表示公共端,3 表示输出端;在 CW79×× 系列中 1 表示公共端,2 表示输入端,3 表示输出端。安装时要注意区分,避免接错。

②使用时,对要求加散热装置的集成稳压器,必须加符合条件的散热装置。

③严禁超负荷使用。

④安装焊接要牢固可靠,并避免有大的接触电阻而造成压降和过热。

CW78×× 系列和 CW79×× 系列三端固定式集成稳压器的基本接线方法分别如图 1-20(a)、(b) 所示。其中,C_i 用以减小纹波电压;C_o 用以改善负载的瞬时特性。C_i、C_o 值为 0.1 μF 至几微法。

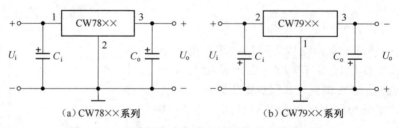

(a) CW78×× 系列　　　　　　　(b) CW79×× 系列

图 1-20　三端固定式集成稳压器的基本接线方法

CW117 和 CW137 三端可调式集成稳压器的基本接线方法分别如图 1-21(a)、(b) 所示。图中 R,R_P 通常称为采样电阻,调节 R_P 即可在允许范围内调节输出电压的值。其输出电压为

$$U_o \approx 1.25\left(1 + \frac{R_P}{R}\right) \tag{1-16}$$

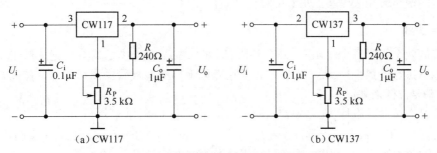

图 1-21　三端可调式集成稳压器的基本接线方法

使用中,R 要紧靠在稳压器的输出端和调整端接线,以免当输出电流大时,附加压降影响输出精度;R_P 的接地点应与负载电流返回接地点相同;R 和 R_P 应选择同种材料制作的电阻,精度尽量高一些。

常见的稳压电路还有提高输出电压和提高输出电流的稳压电路,分别如图 1-22、图 1-23 所示。

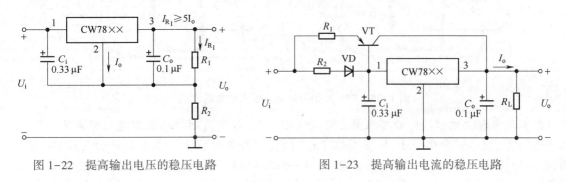

图 1-22　提高输出电压的稳压电路　　　　图 1-23　提高输出电流的稳压电路

用一对 CW78×× 和 CW79×× 三端固定式集成稳压器可组成同时输出正、负电压的直流稳压电路,如图 1-24 所示。

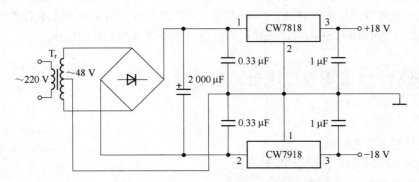

图 1-24　同时输出正、负电压的直流稳压电路

实践训练1　二极管引脚的判定

1 实践目标

①掌握二极管引脚判定方法。

②学会用数字万用表测量二极管的极性和正向压降。

2 内容与步骤

二极管的两个引脚哪个是阳极,哪个是阴极,在二极管的壳体上均有标记。对于小功率管是在阴极侧标有黑点或黑色环,而中大功率管是在壳体上印有二极管的图形符号。然而当这些标记不清时,就需要自行来判别。

二极管具有单向导电性,在二极管的两端施加正向电压时,电阻值很小;而在二极管的两端施加反向电压时,电阻值很大。根据这个原理,应用万用表测量它的正反向电阻,根据阻值的大小,即可得知它的两个引脚哪个是阳极,哪个是阴极。测量的方法如图 1-25 所示。

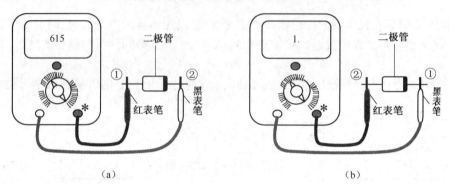

图 1-25　数字万用表测量二极管引脚的方法

数字万用表的测量挡位放在测量二极管的挡位上,数字万用表的红表笔与黑表笔分别与二极管的①、②号引脚相搭接,如图 1-25(a)所示,如若此时数字万用表上显示大概 600 多,而图 1-25(b)所示的接法(即红表笔改与二极管②号引脚相搭接,黑表笔改与二极管①号引脚相搭接)时,显示为无穷(显示 1.,表示超量程,即无穷),则可判定①号引脚为阳极,而②号引脚为阴极。

其原因很简单,数字万用表的红表笔在万用表的内部是与电池的正极相连,而黑表笔在万用表的内部是与电池的负极相连(与模拟万用表相反)。所以,图 1-25(a)所示的接法在二极管两端施加的是正向电压,而图 1-25(b)所示的接法在二极管两端施加的是反向电压。

实践训练2　整流滤波稳压电路的连接与测试

1 实践目标

①掌握降压变压器的作用。
②会用数字万用表测量二极管的极性和正向压降。
③会连接半波整流、桥式整流滤波稳压电路。
④会用示波器观察整流滤波电路的波形,并测定其输出、输入电压间的关系。

2 内容与步骤

(1)二极管的测试

用数字万用表二极管挡测量实验板上四个二极管的正向压降及反向情况,并判断各二极管的好坏。(注意,用数字万用表二极管挡测量二极管时,连接在万用表上的红表笔接的是数字万用表内电池的正极。)

（2）半波整流电路

在实验板上连接线路，实验板如图 1-26 所示。

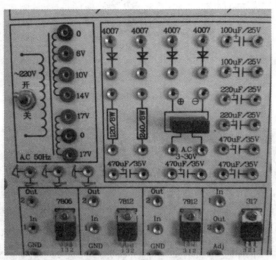

图 1-26   半波整流电路实验板

①按图 1-27 连接电路，并接通电源。

②用数字万用表的交流电压挡测量变压器的二次电压；用数字万用表的直流电压挡测量负载 R 上的电压。

③用示波器观察变压器二次电压和负载上电压 U 的波形，在实验报告中绘出波形图。参考波形图如图 1-28 所示。

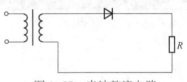

图 1-27   半波整流电路

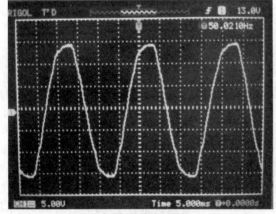

（a）变压器二次电压波形

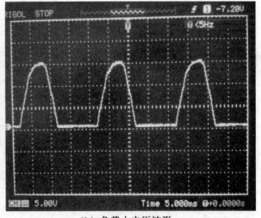

（b）负载上电压波形

图 1-28   半波整流电路变压器二次电压波形和负载上电压波形

（3）桥式整流电路

①按图 1-29 连接电路，并接通电源。

②用数字万用表的交流电压挡测量变压器的二次电压；用数字万用表的直流电压挡测量负载 R 上的电压。

③用示波器观察变压器二次电压和负载上电压 U 的波形，在实验报告中绘出波形图。参考波形图如图 1-30 所示。

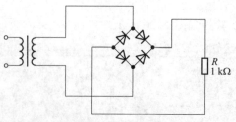

图 1-29　全波整流电路

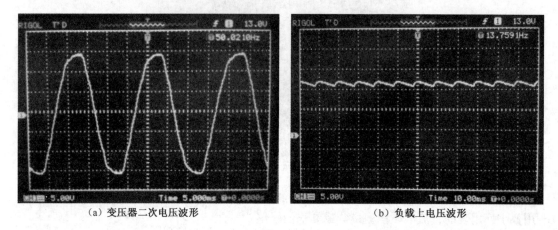

（a）变压器二次电压波形　　　　　　　　（b）负载上电压波形

图 1-30　全波整流电路变压器二次电压波形和负载上电压波形

（4）桥式整流滤波电路

①按图 1-31 连接电路,并接通电源。

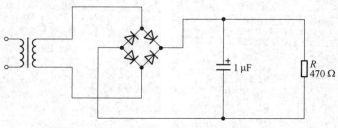

图 1-31　桥式整流滤波电路

②用数字万用表的交流电压挡测量变压器的二次电压;用数字万用表的直流电压挡测量负载 R 上的电压。

③用示波器观察变压器二次电压和负载上电压 U 的波形,在实验报告中绘出波形图。参考波形图如图 1-32 所示。

（5）桥式整流滤波稳压电路

①按图 1-33 连接电路,并接通电源。

②用数字万用表的交流电压挡测量变压器的二次电压;用数字万用表的直流电压挡测量负载 R 上的电压。

③用示波器观察变压器二次电压和负载上电压 U 的波形,在实验报告中绘出波形图。参考波形图如图 1-34 所示。

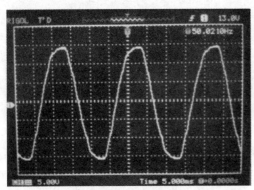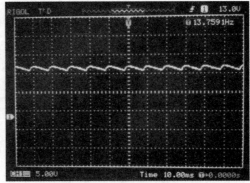

（a）变压器二次电压波形　　　　　　　　　　（b）负载上电压波形

图 1-32　桥式整流滤波电路负载上电压波形

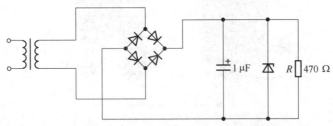

图 1-33　桥式整流滤波稳压电路

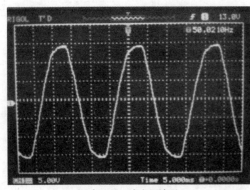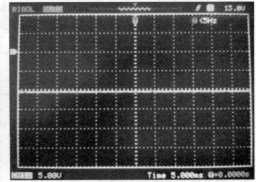

（a）变压器二次电压波形　　　　　　　　　　（b）负载上电压波形

图 1-34　桥式整流滤波稳压电路负载上电压波形

（实践过程）

学生_____成绩_____

日期_____教师_____

项目❷ 扩音机电路的分析与测试

本项目主要介绍三极管以及由三极管构成的放大电路。扩音机电路就是基于三极管放大电路而设计的。扩音机的外形图如图2-1所示。

图2-1 扩音机外形图

兴趣导入

扩音机是音响系统中最基本的设备,它的任务是把来自信号源(专业音响系统中则是来自调音台)的微弱电信号进行放大以驱动扬声器发出声音。

相关知识1 三极管基础知识

学习目标

①熟悉常见电子器件的种类、结构、参数、外部特性等。

②了解电子器件在电路中的应用。

③能够熟练使用常用仪器仪表。

三极管是由两个靠得很近并且背对背排列的PN结构成的。它是由自由电子与空穴作为载流子共同参与导电的,具有放大作用和开关作用。三极管促使了电子技术的飞跃发展,其外形图如图2-2所示。

1 三极管的结构和图形符号

三极管有NPN型和PNP型两种结构,具有三个电极,分别是:基极(B)、发射极(E)和集电极(C);具有两个PN结,分别是:集电结(CBJ)和发射结(EBJ);具有三个区域,分别是:基区、发射区和集电区,如图2-3所示。三极管在电路中常用字母"Q"、"V"或"VT"加数字表示。

2 三极管的结构特点

基区最薄,其宽度为微米级;发射区掺杂浓度最大,远大于基区;集电区的面积最大,大于发射区面积。

图 2-2　三极管外形图

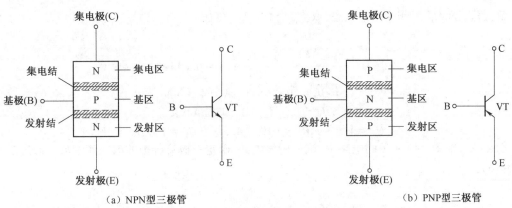

（a）NPN型三极管　　　　　　　　　　　　　　　　　　（b）PNP型三极管

图 2-3　三极管的结构和图形符号

3　三极管的工作状态

三极管的工作状态有三种：放大、截止、饱和，在不同的工作状态中发射结和集电结之间的关系如表 2-1 所示。因此，三极管是放大电路的核心元件——具有电流放大能力，同时又是理想的无触点开关器件。

表 2-1　在不同的工作状态中发射结和集电结之间的关系

工作状态	发射结（EBJ）	集电结（CBJ）	开关功能
放大状态	正偏	反偏	
截止状态	反偏	反偏	断开
饱和状态	正偏	正偏	闭合

4　三极管的分类

①根据内部结构可分为：NPN 型和 PNP 型；

②根据制造的半导体材料可分为：硅管和锗管；

③根据三极管的工作频率可分为：低频管和高频管；

④根据三极管允许耗散的功率可分为：小功率管、中功率管和大功率管。

5 三极管的电流分配及其特点

基极电流 I_B 与集电极电流 I_C 之和等于发射极电流 I_E，即

$$I_E = I_B + I_C \tag{2-1}$$

基极电流很小，集电极电流 I_C 与发射极电流 I_E 近似相等，即

$$I_C \approx I_E \tag{2-2}$$

在放大状态下，集电极电流 I_C 是基极电流 I_B 的 β 倍，即 I_C 受小电流 I_B 的控制。

$$I_C = \beta I_B \tag{2-3}$$

在饱和状态下，集电极电流 I_C 与基极电流 I_B 无关，即 I_C 不受电流 I_B 的控制

$$I_C \neq \beta I_B \ (\ I_C < \beta I_B\ ) \tag{2-4}$$

在截止状态下，集电极电流 I_C 仅为反向穿透电流 I_{CEO}，即

$$I_C = I_{CEO} \approx 0 \tag{2-5}$$

例2-1 在图2-4所示的电路中，试分析该电路，确定三极管各极的电压和电流。假定三极管的 $\beta = 100$。

解：假设三极管工作在放大状态，取 $U_{BE} = 0.7$ V，则有

$$U_B = U_{BE} = 0.7 \text{ V}$$

$$I_B = \frac{V_{BB} - U_B}{R_B} = \frac{5 - 0.7}{100}\text{mA} = 0.043 \text{ mA}$$

$$I_C = \beta I_B = 100 \times 43 \text{ μA} = 4.3 \text{ mA}$$

$$I_E = I_B + I_C = 4.343 \text{ mA}$$

$$U_C = V_{CC} - I_C R_C = (10 - 4.3 \times 2)\text{V} = 1.4 \text{ V}$$

例2-2 在图2-5所示的电路中，试分析该电路，确定三极管各极的电压和电流。假定晶体管的 $\beta = 100$。

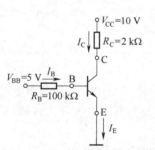
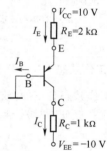

图2-4 NPN型三极管各电极电流关系　　　图2-5 PNP型三极管各电极电流关系

解：因为基极接地，发射极通过电阻接正电源，因此，发射结正偏，取 $U_{BE} = 0.7$ V，则有

$$U_E = U_{EB} + U_B = 0.7 \text{ V}$$

$$I_E = \frac{V_{CC} - U_E}{R_E} = \frac{10 - 0.7}{2}\text{mA} = 4.65 \text{ mA}$$

$$I_C = \frac{\beta}{1 + \beta} I_E = 4.6 \text{ mA}$$

$$I_B = I_E - I_C = 0.05 \text{ mA}$$

$$U_C = V_{EE} + I_C R_C = (-10 + 1 \times 4.6)\text{V} = -5.4 \text{ V}$$

6 三极管的伏安特性

三极管的伏安特性包括输入特性和输出特性。在共发射极电路中，输入特性是指

$I_{\mathrm{B}}=f(U_{\mathrm{BE}})\big|_{U_{\mathrm{CE}}=\text{常数}}$，输出特性是指 $I_{\mathrm{C}}=f(U_{\mathrm{CE}})\big|_{I_{\mathrm{B}}=\text{常数}}$。如图 2-6（a）所示是对某小功率 NPN 型硅三极管伏安特性的测试电路。

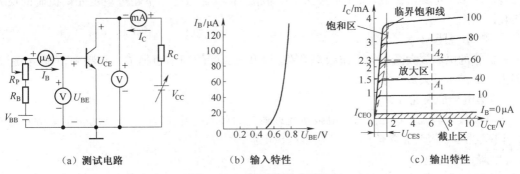

（a）测试电路　　　　　　（b）输入特性　　　　　　（c）输出特性

图 2-6　三极管的伏安特性

（1）输入特性曲线

在图 2-6（a）所示测试电路中，对应每一个固定的 U_{CE}，每改变 U_{BE}，记下相应 I_{B} 值，可以得到一簇输入特性曲线，但实际上当 $U_{\mathrm{CE}}>1\text{ V}$ 以后，输入特性基本上重合为一条曲线，如图 2-6（b）所示为 $U_{\mathrm{CE}}=2\text{ V}$ 的输入特性，与二极管正向特性相似。U_{BE} 很小时，$I_{\mathrm{B}}\approx0$，三极管处于截止状态；在 U_{BE} 大于某值（称为三极管的门限电压，硅管约为 0.5 V，锗管约为 0.1 V）后，三极管开始导通，I_{B} 明显增大；此后，I_{B} 在较大范围内变化时，相应的 U_{BE} 变化甚微，硅管为 0.6~0.8 V，锗管为 0.2~0.3 V。

（2）输出特性曲线

在图 2-6（a）所示测试电路中，对应每一个固定的 I_{B}，每改变 U_{CE}，记下相应 I_{C} 值，可以得到一簇输出特性曲线，如图 2-6（c）所示。输出特性曲线可划分为三个区域，分别对应着三极管的三种工作状态。

①截止区。图 2-6（c）中，输入电流 $I_{\mathrm{B}}=0$ 时的输出特性曲线与 U_{CE} 轴之间的区域，称截止区。当 $I_{\mathrm{B}}=0$ 时，$I_{\mathrm{C}}=I_{\mathrm{CEO}}\approx0$。

②饱和区。图 2-6（c）中，各条曲线左边拐点称为临界饱和点，临界饱和点处 $U_{\mathrm{CE}}=U_{\mathrm{BE}}$，即 $U_{\mathrm{CB}}=0$。经过各条曲线临界饱和点的连线称为临界饱和线。输出特性曲线簇位于临界饱和线与 I_{C} 轴之间的区域，称为饱和区。

在饱和区内，三极管的输出电流 I_{C} 基本不随 I_{B} 的变化而变化，或 I_{C} 已不受 I_{B} 的控制，处于饱和状态。三极管饱和时的 U_{CE} 值称为饱和压降，记作 U_{CES}，小功率硅管约为 0.3 V，锗管约为 0.1 V。

③放大区。图 2-6（c）中，位于截止区和饱和区之间的平坦直线部分，称为放大区。对于 A_1、A_2 点：$\dfrac{I_{\mathrm{C}}}{I_{\mathrm{B}}}=\dfrac{2.3\text{ mA}}{60\text{ μA}}\approx40,\ \dfrac{I_{\mathrm{C}}}{I_{\mathrm{B}}}=\dfrac{1.5\text{ mA}}{40\text{ μA}}\approx40,\ \dfrac{\Delta I_{\mathrm{C}}}{\Delta I_{\mathrm{B}}}=\dfrac{(2.3-1.5)\text{ mA}}{(60-40)\text{ μA}}\approx40$，可见放大区内，$I_{\mathrm{C}}$ 受控于 I_{B}，（即 $I_{\mathrm{C}}=\beta I_{\mathrm{B}}$，$\Delta I_{\mathrm{C}}=\beta\Delta I_{\mathrm{B}}$），而与 U_{CE} 的变化无关。

7　三极管的主要技术指标

（1）电流放大系数 β

电流放大系数就是电流放大倍数，用来表示三极管的放大能力。根据三极管工作状态不同，电流放大系数又分为直流放大系数和交流放大系数，一般情况下这两个放大系数近似相等。

直流放大系数是指在静态无输入变化信号时，三极管集电极电流 I_{C} 和基极电流 I_{B} 的比值，故又称直流放大倍数或静态放大系数，一般用 h_{FE} 或 $\bar{\beta}$ 表示。

交流放大系数又称交流放大倍数或动态放大系数，是指在交流状态下，三极管集电极电流变化量与基极电流变化量的比值,一般用 β 表示。β 是反映三极管放大能力的重要指标。

(2)耗散功率 P_{CM}

耗散功率又称集电极最大允许耗散功率,是指三极管参数变化不超过规定允许值时的最大集电极耗散功率。

(3)频率特性

三极管的电流放大系数与工作频率有关,如果三极管的频率超过了工作频率范围,会造成放大能力降低甚至失去放大作用。

(4)集电极最大电流 I_{CM}

集电极最大电流是指三极管集电极所允许通过的最大电流。集电极电流 I_C 上升会导致三极管的 β 下降,当 β 下降到正常值的 2/3 时,集电极电流即为 I_{CM}。

(5)最大反向电压

最大反向电压是指三极管在工作时所允许加的最高工作电压。最大反向电压包括集电极-发射极反向击穿电压 U_{CEO}、集电极-基极反向击穿电压 U_{CBO} 以及发射极-基极反向击穿电压 U_{EBO}。

(6)反向电流

三极管的反向电流包括集电极-基极之间的反向电流 I_{CBO} 和集电极-发射极之间的反向电流 I_{CEO}。

相关知识2　共发射极放大电路

学习目标

①理解共发射极放大电路的组成及各元件的作用。
②了解共发射极放大电路的工作原理。
③掌握共发射极放大电路的静态、动态分析。

放大电路的功能是利用三极管的电流控制作用,把微弱的电信号(指变化的电压、电流、功率)不失真地放大到所需的数值,实现将直流电源的能量部分地转化为按输入信号规律变化且有较大能量的输出信号。放大电路的实质是一种用较小的能量去控制较大能量转换的能量转换装置。

放大电路组成的原则是必须有直流电源,而且直流电源的设置应保证三极管工作在线性放大状态;元件的安排要保证信号的传输,即保证信号能够从放大电路的输入端输入,经过放大电路放大后从输出端输出;元件参数的选择要保证信号能不失真地放大,并满足放大电路的性能指标要求。

1 共发射极放大电路的组成及各元件的作用

(1)电路的组成

由表2-1可知,欲使三极管工作在放大状态,应使发射结正偏,集电结反偏。图2-7是NPN型三极管共发射极接法的基本交流放大电路。

(2)各元件的作用

①三极管 VT 是整个放大电路的核心,实现电流放大。

②直流电源 V_{CC} 除了为三极管提供能量,还确保三极管工作在放大状态,即为三极管提供合适的偏置电压,即发射结正偏,集电结反偏电压。

③基极电阻 R_B 又称偏流电阻,其作用是为放大电路提

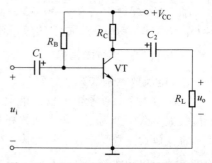

图2-7　NPN型三极管共发射极接法的基本交流放大电路

供静态工作点,使电源提供的基极电流 I_B 为某一适当值,以保证三极管有比较合适的工作状态, R_B 一般为几十千欧到几百千欧。

④集电极电阻 R_C 又称集电极负载电阻,其作用是将三极管的电流放大转变为电压放大。很明显,若 $R_C = 0$,则输出端的电压始终等于电源电压,电路没有电压放大作用。 R_C 一般为几千欧至几十千欧。

⑤ C_1、 C_2 称为耦合电容,其作用是"隔直通交",即隔断直流电源与信号源之间以及直流电源与负载之间的直流通路,传输交流信号。 C_1 和 C_2 的容量较大,一般都选用电解电容。

2　共发射极基本放大电路的工作原理

① u_i 直接加在三极管 VT 的基极和发射极之间,引起基极电流 i_B 做相应的变化。

②通过三极管 VT 的电流放大作用,集电极电流 i_C 也将变化。

③ i_C 的变化引起三极管集电极和发射极之间电压 u_{CE} 的变化。

④ u_{CE} 中的交流分量 u_{ce} 经过 C_2 畅通地传送给负载 R_L,成为输出交流电压 u_o,实现了电压放大作用。

⑤当放大电路加上输入电压 u_i 后,由叠加原理可知三极管各电极间的电压及各电极的电流都在直流量的基础上叠加了一个交流量,即

$$u_{BE} = U_{BEQ} + u_i ; i_B = I_{BQ} + i_b ; i_C = I_{CQ} + i_c ; u_{CE} = U_{CEQ} + u_{ce}$$

此时,放大电路中既有直流分量(U_{BEQ}、 I_{BQ}、 I_{CQ}、 U_{CEQ}),又有交流分量($u_{be} = u_i$、 i_b、 i_c、 u_{ce}),如图 2-8 所示。经隔直耦合,交流分量 u_{ce} 就成为加到负载 R_L 上的输出电压 u_o ($u_o = u_{ce} = -i_c R_C$),故共发射极单管放大电路的输出电压 u_o 与输入电压 u_i 反相,再根据 u_o 与 u_i 的幅值关系可求出电压放大倍数。

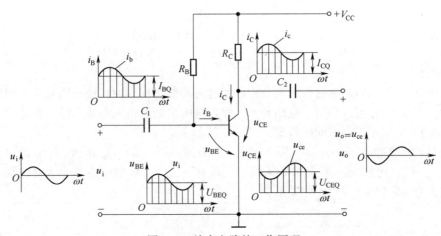

图 2-8　放大电路的工作原理

3　静态分析

当无交流信号输入时,放大电路的直流状态称为静态。静态分析就是要找出一个合适的静态工作点,通常由放大电路的直流通路来确定。如图 2-9 所示,三极管的直流电压和电流统称为静态工作点 Q,通常写为 I_{BQ}、 U_{CEQ}、 I_{CQ} 等。放大电路设置静态工作点的目的是给三极管的发射结预先加上一适当的正向电压,即预先给基极提供一定的偏流以保证在输入信号的整个周期中,放大电路都工作在放大状态,避免信号在放大过程中产生失真。静态分析通常有两种方法,即估算法和

图解法。

（1）估算法

由于静态只研究直流，为方便起见，可根据直流通路进行分析。因电容具有隔直作用，所以画直流通路时，断开有电容的支路即可，如图2-9所示。

由图2-9可得

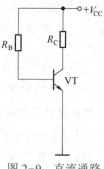

图2-9 直流通路

$$I_{BQ} = \frac{V_{CC} - U_{BEQ}}{R_B} \qquad (2-6)$$

由于三极管的U_{BEQ}很小（硅管为0.6~0.8 V，锗管为0.2~0.3 V），与V_{CC}相比可忽略不计。

故式（2-6）也可写为

$$I_{BQ} \approx \frac{V_{CC}}{R_B} \qquad (2-7)$$

由于I_B值几乎不变，故共发射极放大电路又称固定偏流式放大电路。

根据三极管电流放大原理，静态时集电极电流为

$$I_{CQ} \approx \beta I_{BQ} \qquad (2-8)$$

用基尔霍夫电压定律（KVL）可求得静态时集电极和发射极间的电压为

$$U_{CEQ} = V_{CC} - I_{CQ}R_C \qquad (2-9)$$

例2-3 在图2-9中，若$V_{CC} = 12$ V，$R_B = 200$ kΩ，$R_C = 2$ kΩ，$\beta = 50$。试求静态工作点。

解： 根据式（2-6）~式（2-9）可直接求得静态工作点

$$I_{BQ} \approx V_{CC}/R_B = \frac{12}{200 \times 10^3}A = 0.06 \text{ mA}$$

$$I_{CQ} \approx \beta I_{BQ} = 50 \times 0.06 \text{ mA} = 3 \text{ mA}$$

$$U_{CEQ} = V_{CC} - I_{CQ}R_C = (12 - 3 \times 2)V = 6 \text{ V}$$

（2）图解法

运用三极管的特性曲线，通过作图来分析放大电路的方法称为图解法。图解法不但可求出放大电路的静态工作点，还可以比较直观地看出工作点对放大电路输入和输出波形的影响。为简便起见，只讨论放大电路不带负载时的情况。

画直流负载线求静态工作点。在图2-9中，静态时三极管的各极电流、电压是一些固定值（I_{BQ}、U_{CEQ}、I_{CQ}），但在动态（有交流信号输入时），三极管i_B，i_C，u_{CE}的值都会随输入交流信号的变化而变化。放大电路输出端i_C与u_{CE}的关系为

$$u_{CE} = V_{CC} - i_C R_C$$

当V_{CC}和R_C确定后，上式是关于u_{CE}和i_C的直线方程，找出该直线的两个特殊点N点和M点，即可在输出特性曲线上画出这条直线。

N点：令$i_C = 0$，则$u_{CE} = V_{CC} = 12$ V

M点：令$U_{CE} = 0$，$i_C = V_{CC}/R_C = (12/1.2)$ mA $= 10$ mA

连接MN成一条直线，这就是放大电路的直流负载线，如图2-10所示。

根据$I_{BQ} \approx V_{CC}/R_B = (12/240)$ mA ≈ 50 μA，在三极管的输出特性曲线上找出I_{BQ}对应所在的那条曲线，该曲线与直流负载线的交点Q即为静态工作点。由Q点可方便地从图上得出$I_{CQ} \approx 5$ mA，$U_{CEQ} \approx 6$ V。

例2-4 试用估算法和图解法求图2-11所示放大电路的静态工作点，已知该电路中的三极管

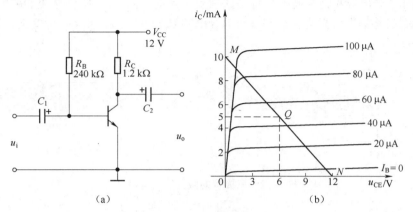

图 2-10　用图解法求静态工作点

$\beta = 37.5$,直流通路如图 2-11(b)所示,输出特性曲线如图 2-11(c)所示。

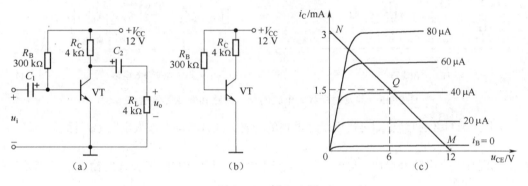

图 2-11　例 2-4 图

解:(1)用估算法求静态工作点

由式(2-6)~式(2-9)得

$$I_B \approx 0.04 \text{ mA} = 40 \text{ μA}$$

$$I_C \approx \beta I_B = 37.5 \times 0.04 \text{ mA} = 1.5 \text{ mA}$$

$$U_{CE} = V_{CC} - I_C R_C = (12 - 1.5 \times 4) \text{ V} = 6 \text{ V}$$

(2)用图解法求静态工作点

由 $u_{CE} = V_{CC} - i_C R_C = 12 - 4i_C$,可得 M 点(12,0);N 点(0,3),MN 与 $i_B = I_B = 40$ μA 的那条输出特性曲线的交点,即静态工作点 Q。从特性曲线上可查出:$I_B = 40$ μA,$I_C = 1.5$ mA,$U_{CE} = 6$ V。与估算法所得结果一致。

4　动态分析

放大电路的动态分析主要包括输入电阻、输出电阻以及放大倍数等参数,采用三极管及放大电路的微变等效电路法可以方便地估算出其大小。

(1)三极管的微变等效电路

三极管可以等效为一个电阻和一个受控电流源之间的特定关系,其示意图如图 2-12 所示。

(2)放大电路的微变等效电路

放大电路的微变等效电路就是用三极管的微变等效电路替代交流通路中的三极管。交流通路指放大电路中耦合电容和直流电源做短路处理后所得的电路。因此,画交流通路的原则是:将直流电源 V_{CC} 短接;将输入耦合电容 C_1 和输出耦合电容 C_2 短接。图 2-11(a)的交流通路和微变等效电路如图 2-13 所示。

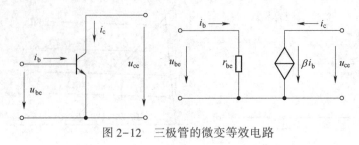

图 2-12 三极管的微变等效电路

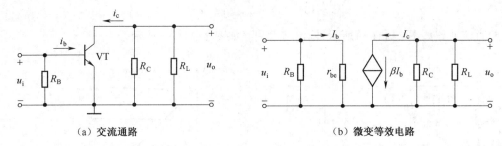

(a) 交流通路   (b) 微变等效电路

图 2-13 共发射极放大电路的交流通路和微变等效电路

再根据三端网络的等效,即可运用线性电路的分析方法计算动态放大电路的指标。

①三极管的输入电阻 r_{be}。在三极管的输入端(B、E 端)接上输入电压 u_i 时,就会引起相应的电流,这就如同在一个电阻两端加上交流电压,能产生电流一样。因此,三极管的输入端可等效为电阻 r_{be},即 $r_{be} = \dfrac{u_i}{i_b}$,通常对于小功率三极管的 r_{be} 可用式(2-10)估算

$$r_{be} \approx 300 + (1 + \beta)\frac{26(\text{mV})}{I_{EQ}} \tag{2-10}$$

式(2-10)反映了 r_{be} 与静态电流的关系。若分母 I_{EQ} 的单位为 mA,则式(2-10)中求得的 r_{be} 的单位是 Ω。

②估算放大电路的输入电阻。从放大电路输入端看进去的交流等效电阻,称为放大电路的输入电阻,用 R_i 表示。由图 2-13(b)可得

$$R_i = R_B \mathbin{/\!/} r_{be} \approx r_{be} \qquad (R_B \gg r_{be}) \tag{2-11}$$

③估算放大电路的输出电阻。从放大电路输出端看进去(不包括负载电阻)的无源交流等效电阻,称为放大电路的输出电阻,用 R_o 表示。由图 2-13(b)可得

$$R_o = R_C \tag{2-12}$$

可见,输入电阻越大的放大电路向信号源取用的电流越小,信号源的负担越轻;另一方面,输出电阻越小的放大电路,带负载的能力越强。

④估算电压放大倍数。电压放大倍数是指输出信号与输入信号的电压的比值,用 A_u 表示,即 $A_u = \dfrac{u_o}{u_i}$,由图 2-13(b)可看出,放大电路的输出电压有两种情况:无负载时,$u_o = -i_c R_C$;有负载时,$u_o' = -i_c R_L'$,其中 $R_L' = R_L \mathbin{/\!/} R_C = \dfrac{R_L R_C}{R_L + R_C}$,所以放大电路电压放大倍数的具体公式如下:

无负载时

$$A_u = \frac{u_o}{u_i} = \frac{-i_c R_C}{i_b r_{be}} = -\beta \frac{R_C}{r_{be}} \qquad (2-13)$$

有负载时

$$A'_u = \frac{u'_o}{u_i} = \frac{-i_c R'_L}{i_b r_{be}} = -\beta \frac{R'_L}{r_{be}} \qquad (2-14)$$

例 2-5 试求例 2-4 电路无负载和有负载的电压放大倍数(设负载电阻 $R_L = 2\ \text{k}\Omega$)。

解: 根据式(2-10)可求得三极管的输入电阻为

$$r_{be} \approx 300 + (1 + \beta) \frac{26(\text{mV})}{I_{EQ}} \approx \left[300 + (1 + 50) \frac{26}{3.06} \right] \Omega \approx 733\ \Omega$$

$$R'_L = \frac{2 \times 2}{2 + 2}\ \text{k}\Omega = 1\ \text{k}\Omega$$

无负载时电压放大倍数为

$$A_u = -\beta \frac{R_C}{r_{be}} = -50 \times \frac{2}{0.73} \approx -136$$

有负载时电压放大倍数为

$$A'_u = -\beta \frac{R'_L}{r_{be}} = -50 \times \frac{1}{0.73} \approx -68$$

相关知识 3　分压偏置式放大电路

学习目标

①理解分压偏置式放大电路的组成及各元件作用。

②了解静态工作点稳定的目的和意义。

③掌握分压偏置式放大电路稳定静态工作点的原理。

1　静态工作点的稳定

放大电路在实际工作时常常要受到外界的影响,特别是温度变化,很容易引起静态工作点的移动,严重时会使放大电路不能正常工作。因此,如何设置好静态工作点,是一个很重要的问题,稳定放大电路的静态工作点,常用的办法有两种:一是引入负反馈;二是引入温度补偿。

图 2-14 所示为一个最常见的能稳定静态工作点的分压式发射极偏置放大电路,图中 R_{B1}、R_{B2} 组成分压电路,三极管的基极电位由它们的分压所决定,同时在发射极串联一个电阻 R_E 并增加一个发射极交流旁路电容。

2　各元件的作用

①基极偏置电阻 R_{B1}、R_{B2}:R_{B1}、R_{B2} 为三极管提供一个大小合适的基极直流电流 I_B,一般 R_{B1} 的阻值为几十千欧至几百千欧;R_{B2} 的阻值为几十千欧。

②发射极电阻 R_E:引入直流负反馈稳定静态工作点。

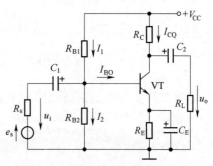

图 2-14　稳定静态工作点的电路

一般阻值为几千欧。

③发射极旁路电容 C_E:对交流而言, C_E 短接 R_E,确保放大电路动态性能不受影响。一般 C_E 也选择电解电容,容量为几十微法。

3 稳定静态工作点原理

①利用 R_{B1} 和 R_{B2} 的分压作用固定基极 U_{BQ}。

$$U_{BQ} \approx \frac{R_{B2}}{R_{B1} + R_{B2}} V_{CC}$$

上式表明,三极管的基极电位与三极管的参数无关,不受温度影响。

②利用发射极电阻 R_E 产生反映 I_C 变化的 U_E,再引回到输入回路去控制 U_{BE},实现 I_C 基本不变。

图中 R_E 使发射极获得的电位为 $U_{EQ} = I_{EQ} R_E$。设由于温度升高引起 $I_{CQ} \uparrow \rightarrow I_{EQ} \uparrow \rightarrow U_{EQ} \uparrow (= I_{EQ} R_E) \rightarrow U_{BEQ} \downarrow (= U_{BQ} - U_{EQ})$,由输入特性曲线可知, $I_{BQ} \downarrow$,从而抑制 I_{CQ} 的增加,达到稳定静态工作点的目的。

例 2-6 在图 2-14 所示的电路中,三极管的 $\beta = 50$, $V_{CC} = 12$ V, $R_{B1} = 15$ kΩ, $R_{B2} = 6.2$ kΩ, $R_E = 2$ kΩ, $R_C = 3$ kΩ, $R_L = 1$ kΩ, C_1、C_2 和 C_E 分别为 10 μF。试求:

①静态工作点;

②电压放大倍数、输入电阻、输出电阻;

③若换用 $\beta = 100$ 的三极管,重新计算静态工作点和电压放大倍数。

解:①求静工作点

$$U_{BQ} = \frac{R_{B2}}{R_{B1} + R_{B2}} V_{CC} = \left(\frac{6.2}{15 + 6.2} \times 12 \right) V = 3.5 \text{ V}$$

$$I_{CQ} \approx I_{EQ} = \frac{U_{BQ} - U_{BEQ}}{R_E} = \frac{3.5 - 0.7}{2} \text{mA} = 1.4 \text{ mA}$$

$$I_{BQ} = \frac{I_{CQ}}{\beta} = \frac{1.4}{50} \text{mA} = 0.028 \text{ mA} = 28 \text{ } \mu\text{A}$$

$$U_{CEQ} \approx V_{CC} - I_{CQ}(R_C + R_E) = [12 - 1.4(3 + 2)] V = 5 \text{ V}$$

②求 A_u、R_i、R_o

$$r_{be} \approx 300 + (1 + \beta) \frac{26(\text{mV})}{I_{EQ}} = \left[300 + (1 + 50) \frac{26}{1.4} \right] \Omega = 1.25 \text{ k}\Omega$$

$$R'_L = R_C // R_L = \frac{3 \times 1}{3 + 1} \text{ k}\Omega = 0.75 \text{ k}\Omega$$

故

$$A_u = -\beta \frac{R'_L}{r_{be}} = -50 \times \frac{0.75}{1.25} = -30$$

$$R_i = r_{be} // R_{B1} // R_{B2} = (1.25 // 15 // 6.2) \text{k}\Omega = 0.97 \text{ k}\Omega$$

$$R_o \approx R_C = 3 \text{ k}\Omega$$

③当改用 $\beta = 100$ 的三极管后,其静态工作点为

$$I_{CQ} \approx I_{EQ} = \frac{U_{BQ} - U_{BEQ}}{R_E} = \frac{3.5 - 0.7}{2} \text{mA} = 1.4 \text{ mA}$$

$$I_{BQ} = \frac{I_{CQ}}{\beta} = \frac{1.4}{100} \text{mA} = 0.014 \text{ mA} = 14 \text{ } \mu\text{A}$$

$$U_{CEQ} \approx V_{CC} - I_{CQ}(R_C + R_E) = [12 - 1.4(3 + 2)] V = 5 \text{ V}$$

可见,在射极偏置电路中,虽然更换了不同 β 的三极管,但静态工作点基本不变。此时

$$r'_{\text{be}} \approx 300 + (1 + \beta) \frac{26(\text{mV})}{I_{\text{EQ}}} = \left[300 + (1 + 100) \frac{26}{1.4} \right] \Omega = 2.2 \text{ k}\Omega$$

$$A'_u = -\beta \frac{R'_L}{r'_{\text{be}}} = -100 \times \frac{0.75}{2.2} = -34$$

与 β = 50 时的放大倍数差不多。

4　总结

①信号组成:总瞬时量 = 直流分量 + 交流分量。

其中,直流分量:决定三极管的工作模式,并提供能量;交流分量为信号放大的对象。

②电路组成:直流通路 + 交流通路。

其中,直流通路用于分析三极管电路的直流分量;交流通路用于分析三极管放大电路的相关性能。

③直流通路与交流通路的画法:

a. 直流通路:令所有交流分量为零所得的电路,即将交流独立电流源开路,交流独立电压源短路。

b. 交流通路:令所有直流分量为零所得的电路,即将直流独立电流源开路,直流独立电压源短路。

相关知识4　多级放大电路

学习目标

①了解多级放大电路的耦合方式。

②掌握多级放大电路的动态分析原理。

为了达到更高的放大倍数,常把若干个基本放大电路连接起来,组成多级放大电路。其结构框图如图 2-15 所示。多级放大电路内部各级之间的连接方式称为耦合方式。

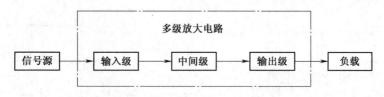

图 2-15　多级放大电路结构框图

1　耦合方式

①耦合:信号源与电路、电路与电路、电路与负载之间的连接称为耦合。

②耦合电路:实现耦合的电路。

③耦合方式:

直接耦合——主要用于直流信号和低频信号的放大。

阻容耦合和变压器耦合——主要用于交流信号的放大。

光电耦合——主要以光信号为媒介来实现电信号的耦合和传递,抗干扰能力强。

其中,阻容耦合的应用最广。

在多级阻容耦合放大电路中,各级的静态工作点相互独立,互不影响,因此多级放大电路的静

态分析与单级放大电路的静态分析完全相同。

（1）直接耦合多级放大电路

将前一级的输出端直接连接到后一级的输入端，如图 2-16 所示。

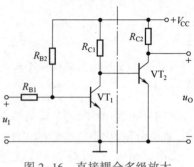

直接耦合方式的优缺点：

①优点：

a. 具有良好的低频特性，可以放大变化缓慢的信号。

b. 易构成集成放大电路，应用非常广泛。

②缺点：

a. 静态工作点相互影响，给电路的分析、设计和调试带来一定的困难。

图 2-16　直接耦合多级放大
电路示意图

b. 存在零点漂移现象。

③克服缺点的方法：

a. 利用阻容耦合电路。

b. 采用差分放大电路。

（2）阻容耦合多级放大电路

将放大电路的前一级输出端通过电容连接到后一级输入端，称为阻容耦合方式，如图 2-17 所示。由于电容的隔直作用，解决了静态工作点不独立、级间零漂问题。

阻容耦合方式的优缺点：

①优点：各级的 Q 相互独立，所以电路易分析、设计和调试。在分立元件电路中得到广泛的应用。

②缺点：

a. 低频特性差，不能放大变化缓慢的信号。

b. 不易于集成。

（3）变压器耦合多级放大电路

将放大电路的前一级输出端通过变压器连接到后一级输入端或负载电阻上，称为变压器耦合方式，如图 2-18 所示。

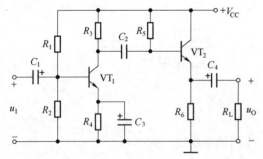

图 2-17　阻容耦合多级放大电路示意图

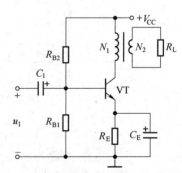

图 2-18　变压器耦合多级放大电路示意图

变压器耦合多级放大电路低频特性差，不易集成。但能够实现阻抗变换，常用于调谐放大电路或输出功率很大的功率放大电路。

变压器耦合方式的优缺点：

①优点：

a. 各级的静态工作点相互独立，电路的分析、设计和调试简单易行。

b. 可以实现阻抗变换;在分立元件特大功率电路或高频电路中得到非常广泛的应用。

②缺点:

a. 低频特性差,不能放大变化缓慢的信号。

b. 体积大,不便于集成。

(4)光电耦合多级放大电路

光电耦合是以光信号为媒介实现电信号的耦合和传递的,具有电气隔离作用,使电路具有很强的抗干扰能力,适用于信号的隔离和远距离传送,如图2-19所示。

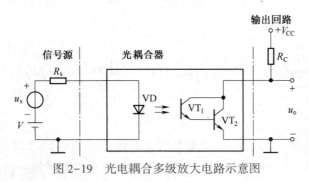

图 2-19　光电耦合多级放大电路示意图

2 **多级放大电路的动态分析**

(1)电压放大倍数

在多级放大电路中,由于各级之间是串联起来的,如图2-20所示。上一级的输出就是下一级的输入,故总的电压放大倍数为各级电压放大倍数的乘积。若每一级的电压放大倍数是100,则两级电路连起来的电压放大倍数不是200,而是10 000! 可见提高电压放大倍数是轻而易举的事。

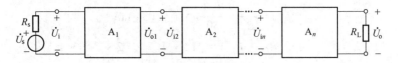

图 2-20　多级放大电路示意图

$$A_u = \frac{U_o}{U_i} = \frac{U_{o1}}{U_i} \cdot \frac{U_{o2}}{U_{o1}} \cdot \cdots \cdot \frac{U_o}{U_{o(n-1)}} = \frac{U_{o1}}{U_i} \cdot \frac{U_{o2}}{U_{i2}} \cdot \cdots \cdot \frac{U_o}{U_{in}} \tag{2-15}$$

即
$$A_u = A_{u1} \cdot A_{u2} \cdot \cdots \cdot A_{un} \tag{2-16}$$

在计算各级的电压放大倍数时,必须考虑后一级对前一级的影响,具体说就是后一级的输入电阻就是前一级的负载电阻;前一级的输出电阻就是后一级的信号源内阻;前一级的输出电压就是后一级的输入电压。

(2)输入电阻和输出电阻

多级放大电路的输入电阻就是第一级(输入级)的输入电阻,输出电阻就是末级(输出级)的输出电阻。

$$R_i = R_{i1} \tag{2-17}$$

$$R_o = R_{on} \tag{2-18}$$

例 2-7　图 2-21 所示为两级阻容耦合放大电路,已知 $V_{CC} = 12\text{V}$,$R_{B1} = R'_{B1} = 20\text{ k}\Omega$,$R_{B2} = R'_{B2} = 10\text{ k}\Omega$,$R_{C1} = R_{C2} = 2\text{ k}\Omega$,$R_{E1} = R_{E2} = 2\text{ k}\Omega$,$R_L = 2\text{ k}\Omega$,$\beta_1 = \beta_2 = 50$,$U_{BEQ1} = U_{BEQ2} = 0.6\text{ V}$。试

求：

①求各级放大电路的静态值。

②画出微变等效电路。

③求各级电压放大倍数 $\dot{A}_{u1}$、$\dot{A}_{u2}$ 和总电压放大倍数 $\dot{A}_u$。

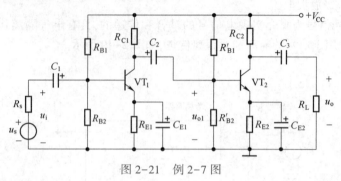

图 2-21　例 2-7 图

两级放大电路都是共发射极的分压式偏置放大电路。由于级间采用阻容耦合方式,故各级电路的静态值可分别计算,动态分析时需注意第二级的输入电阻就是第一级的负载电阻,即 $R_{L1} = R_{i2}$。

解:① 各级电路静态值的计算采用估算法。

第一级:

$$U_{BQ1} = \frac{R_{B2}}{R_{B1} + R_{B2}} V_{CC} = \frac{10}{20 + 10} \times 12 \text{ V} = 4 \text{ V}$$

$$I_{CQ1} \approx I_{EQ1} = \frac{U_{BQ1} - U_{BEQ1}}{R_{E1}} = \frac{4 - 0.6}{2} \text{mA} = 1.7 \text{ mA}$$

$$I_{BQ1} = \frac{I_{CQ1}}{\beta_1} = \frac{1.7}{50} \text{mA} = 0.034 \text{ mA}$$

$$U_{CEQ1} = V_{CC} - I_{CQ1}(R_{C1} + R_{E1}) = [12 - 1.7 \times (2 + 2)] \text{V} = 5.2 \text{ V}$$

第二级:

$$U_{BQ2} = \frac{R'_{B2}}{R'_{B1} + R'_{B2}} V_{CC} = \frac{10}{20 + 10} \times 12 \text{ V} = 4 \text{ V}$$

$$I_{CQ2} \approx I_{EQ2} = \frac{U_{BQ2} - U_{BEQ2}}{R_{E2}} = \frac{4 - 0.6}{2} \text{ mA} = 1.7 \text{ mA}$$

$$I_{BQ2} = \frac{I_{CQ2}}{\beta_2} = \frac{1.7}{50} \text{ mA} = 0.034 \text{ mA}$$

$$U_{CEQ2} = V_{CC} - I_{CQ2}(R_{C2} + R_{E2}) = [12 - 1.7 \times (2 + 2)] \text{V} = 5.2 \text{ V}$$

②微变等效电路如图 2-22 所示。

③求各级电路的电压放大倍数 $\dot{A}_{u1}$、$\dot{A}_{u2}$ 和总电压放大倍数 $\dot{A}_u$。

三极管 VT_1 的动态输入电阻为

$$r_{be1} = 300 + (1 + \beta_1) \frac{26(\text{mV})}{I_{EQ1}} = \left[300 + (1 + 50) \times \frac{26}{1.7} \right] \Omega = 1\ 080\ \Omega$$

三极管 VT_2 的动态输入电阻为

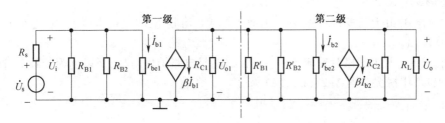

图 2-22　微变等效电路

$$r_{be2} = 300 + (1 + \beta_2) \frac{26(\mathrm{mV})}{I_{EQ2}} = \left[300 + (1 + 50) \times \frac{26}{1.7} \right] \Omega = 1\,080\ \Omega$$

第二级输入电阻为

$$r_{i2} = R'_{B1}\ /\!/\ R'_{B2}\ /\!/\ r_{be2} = (20\ /\!/\ 10\ /\!/\ 1.08)\,\mathrm{k\Omega} = 0.93\ \mathrm{k\Omega}$$

第一级等效负载电阻为

$$R'_{L1} = R_{C1}\ /\!/\ r_{i2} = (2\ /\!/\ 0.93)\,\mathrm{k\Omega} = 0.63\ \mathrm{k\Omega}$$

第二级等效负载电阻为

$$R'_{L2} = R_{C2}\ /\!/\ R_L = (2\ /\!/\ 2)\,\mathrm{k\Omega} = 1\ \mathrm{k\Omega}$$

第一级电压放大倍数为

$$\dot{A}_{u1} = -\frac{\beta_1 R'_{L1}}{r_{be1}} = -\frac{50 \times 0.63}{1.08} = -30$$

第二级电压放大倍数为

$$\dot{A}_{u2} = -\frac{\beta_2 R'_{L2}}{r_{be2}} = -\frac{50 \times 1}{1.08} = -50$$

两级总电压放大倍数为

$$\dot{A}_u = \dot{A}_{u1}\dot{A}_{u2} = (-30) \times (-50) = 1\,500$$

相关知识 5　功率放大电路

学习目标

①理解功率放大器的应用场合。

②会分析乙类双电源互补对称电路和甲乙类互补对称电路。

③掌握集成功率放大器的原理。

实际工程上，往往要利用放大后的信号去推动负载工作，如驱动收音机、电视机、扩音机等多种电子设备的扬声器发声；驱动电动机转动、记录仪表动作、继电器闭合等。为了推动这些负载工作，就要有较大的功率输出。因此，多级放大电路的末级通常称为功率放大电路，简称功放。

对功放的要求是：输出功率尽可能大、失真尽可能小、效率要高，且要有散热措施。

1　乙类互补对称功率放大电路

图 2-22(a)所示为乙类互补对称射极输出放大电路，图中 VT$_1$ 为 NPN 型三极管，VT$_2$ 为 PNP 型三极管，两个三极管分别采用正负对称的直流电源供电。工作时，一个在正半周工作，另一个在负半周工作，两管的输出都加到负载上（它们与 R_L 的连接形式均为射极输出），则负载上可以获得一

个完整的波形。

静态时，$u_i = 0$，由于三极管对称，$U_E = 0$，故 VT_1、VT_2 均截止，集电极电流 $I_C \approx 0$，这时负载电流也为零，无功率输出。

动态时，$u_i \neq 0$，两个三极管轮流导通，推挽工作，且电路结构对称，所以称为互补对称电路。两个三极管各自工作情况如图 2-23(b)、(c) 所示。

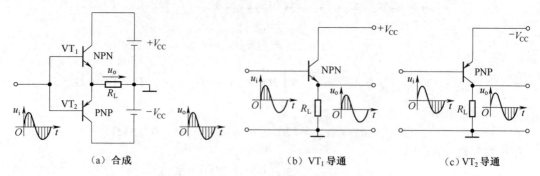

（a）合成　　　　　　　　　　（b）VT_1 导通　　　　　　　　（c）VT_2 导通

图 2-23　乙类互补对称功率放大电路

这种电路无偏置电流，静态时，$I_B = 0$，$I_C \approx 0$。在输出特性上，其静态工作点很低，接近于横轴，如图 2-24 所示。动态时，VT_1、VT_2 各导通半个周期，即导通角各为 $180°$，称放大电路的这种工作状态为乙类工作状态。

乙类互补对称功率放大电路的优点是：因为三极管工作在乙类工作状态，电路的静态功率损耗近似为零，效率高。这种电路的缺点是：波形存在失真，这是因为三极管零偏置的结果，当 $|u_i| < 0.5\ V$ 时，尚不能克服死区电压，三极管仍处于截止状态，此时射极输出器输出电压 $u_o = 0 \neq u_i$。由于这种失真发生在两管交替导通时刻，故称为交越失真，如图 2-25 所示。

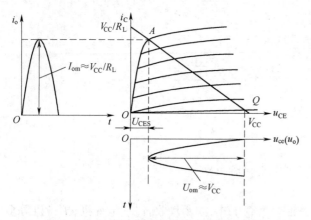

图 2-24　乙类工作状态的输出电压和电流

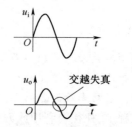

图 2-25　乙类互补对称功率
放大电路的交越失真

（1）最大输出功率

由图解分析可见，当信号足够大，且忽略饱和压降时，$U_{om} = V_{CC} - U_{ces} \approx V_{CC}$，同时 $I_{om} \approx V_{CC}/R_L$，因此，功率放大器最大输出功率为

$$P_{om} = \frac{U_{om}}{\sqrt{2}} \times \frac{I_{om}}{\sqrt{2}} = \frac{V_{CC}^2}{2R_L} \tag{2-19}$$

（2）两个直流电源输入的总功率为

$$P_E = 2V_{CC}I_C$$

式中，I_C 为流过每只三极管的平均电流，$I_C = \dfrac{I_{om}}{\pi} = \dfrac{V_{CC}}{\pi R_L}$（推导从略）

故

$$P_E = 2V_{CC}I_C = \frac{2}{\pi}\frac{V_{CC}^2}{R_L} \tag{2-20}$$

（3）放大电路的最大效率 η

$$\eta = \frac{P_{om}}{P_E} = \frac{\dfrac{V_{CC}^2}{2R_L}}{\dfrac{2}{\pi}\dfrac{V_{CC}^2}{R_L}} = \frac{\pi}{4} = 78.5\% \tag{2-21}$$

由于效率较高，故这种电路就成为功率放大基本电路而获得广泛应用。

2 甲乙类互补对称功率放大电路

乙类互补对称功率放大电路的实际输出波形将产生交越失真。为克服交越失真，可给三极管加一个较小的正向电压，使三极管在静态时处于微导通状态。这时电路的静态工作点位于甲类和乙类之间，故称这种电路的工作状态为甲乙类。

（1）甲乙类双电源互补对称射极输出放大电路

如图2-26所示，图中硅二极管 VD_1、VD_2 上的正向导通压降（约1.4 V）为 VT_1、VT_2 提供一个适当的正偏压，使 VT_1、VT_2 都处于微导通状态，即可消除交越失真。这时电路的静态工作点位于甲类和乙类工作状态时工作点位置的中间，故称该电路为甲乙类双电源互补对称功率放大电路。

动态时当有输入信号时，二极管 VD_1、VD_2 对交流而言，动态电阻很小，可近似视为短路。其余分析同乙类功率放大电路。

（2）甲乙类单电源互补对称射极输出放大电路

甲乙类互补对称功率放大电路也可用单电源供电，这样比较简单方便。电路如图2-27所示。与甲乙类双电源互补对称功率放大电路相比，少了一个负电源 $-V_{CC}$，并在功放输出级的发射极和负载 R_L 间增加了电容 C_2，此电容既是耦合电容，又在电路中起到了一个电源的作用（电容有储能作用）。适当选择 R_1、R_2 的值，使得静态时 E 点的电位 $U_E = V_{CC}/2$，即电容上电压 $u_{C2} = V_{CC}/2$。由于 U_{D_1} 和 U_{BE1} 相等，故 A 点电位也等于 $V_{CC}/2$，C_1 是耦合电容。

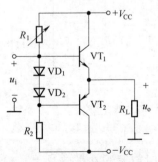

图2-26 甲乙类双电源互补
对称射极输出放大电路

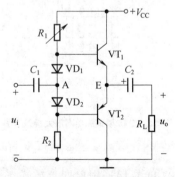

图2-27 甲乙类单电源互补
对称射极输出放大电路

在输入信号 u_i 的正半周,VT$_1$ 导通,VT$_2$ 截止,电源+V_{CC} 通过三极管 VT$_1$ 对电容 C_2 充电,VT$_1$ 以射极输出的形式将正方向的信号变化传递给负载 R_L,形成输出信号的正半周波形,如果时间常数 $R_L C_2$ 很大(比信号的最大周期还大得多),则电容两端的电压 $u_{C2} = V_{CC}/2$,基本保持不变。

在输入信号 u_i 的负半周,VT$_2$ 导通,VT$_1$ 截止,此时电容 C_2 代替甲乙类双电源互补对称电路的负电源起作用,即 C_2 通过三极管 VT$_2$ 对负载放电,在 R_L 上获得负半周输出电压。由以上的分析可知,三极管 VT$_1$ 的工作电压为 $V_{CC} - U_E = V_{CC}/2$。VT$_2$ 的工作电压也为 $V_{CC}/2$,这样,双电源功放电路中有关输出功率、效率等计算公式,只要将 V_{CC} 用 $V_{CC}/2$ 来代替就可以了。

3 集成功率放大器

互补对称功率放大电路具有结构简单,性能好,易于集成等优点,因而获得了广泛的应用。近年来,随着半导体电子技术的迅速发展,集成功率广大器的应用日趋广泛,其体积小、质量小、性能好、可靠性高、使用方便。

目前应用最多的是音频功率放大器集成电路,它广泛应用于收录机、扩音机等音响设备中。表 2-2 中列出了几种国内外最常见的典型单片音频功率放大电路的型号及特点。

表 2-2　几种国内外最常见的典型单片音频功率放大电路的型号及特性

型号	电源电压/V	负载阻抗/Ω	输出功率/W	备 注
D4100	6	4	0.65	最高电源电压为 9 V
D4102	9	4	1.3	最高电源电压为 13 V
D4112	9	4	1.7	最高电源电压为 13 V,有开环噪声抑制特性
		3.2	2.1	
D810	16	4	6.3	工作电压范围宽(6~20 V)
D2002	8~18	4	5	开环增益为 78 dB,外引线 5 根,外围电路简单
		2	9	

图 2-28(a)为 D2002 型集成功率放大器外形图,外接少量元件就可组成图 2-28(b)所示的低频功率放大电路。

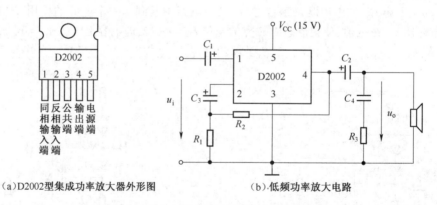

（a）D2002型集成功率放大器外形图　　　　（b）低频功率放大电路

图 2-28　用 D2002 组成的低频功率放大电路

D2002 的外形采用单列直插式 5 引脚塑料封装,使用时应紧固在散热片上。输入信号 u_i 经耦合电容 C_1 送到同相输入端 1。放大后的信号由输出端 4 经耦合电容 C_2 送到负载(4 Ω 的扬声器)。电源端 5 接 V_{CC}(+15 V),公共端 3 接地。R_1、R_2、C_3 组成负反馈电路,以改善电路性能,提高放大电路工作的稳定性。C_4、R_3组成高通滤波电路,防止产生高频自激振荡,改善放大电路的频率特性。该电路的不失真输出功率可达 5 W,广泛应用于立体声收音机及录放机等设备中。

实践训练1　半导体三极管的检测

1　实践目标

①掌握三极管的检测方法。

②熟悉常用电子仪器及模拟电路实验设备的使用。

2　内容与步骤

①利用数字万用表不仅可以判定三极管引脚极性、测量三极管的共发射极电流放大系数 h_{FE},还可以鉴别硅管与锗管。由于数字万用表电阻挡的测试电流很小,所以不适用于检测三极管,应使用二极管挡或 h_{FE} 挡进行测试。

将数字万用表置于二极管挡,红表笔固定任接某个引脚,用黑表笔依次接触另外两个引脚,如果两次显示值均小于 1 V 或都显示溢出符号"OL"或"1",则红表笔所接的引脚就是基极(B)。如果在两次测试中,一次显示值小于 1 V,另一次显示溢出符号"OL"或"1"(视不同的数字万用表而定),则红表笔所接的引脚不是基极(B),应更换其他引脚重新测量,直到找出基极(B)为止。

基极确定后,用红表笔接基极,黑表笔依次接触另外两个引脚,如果显示屏上的数值都显示为0.600~0.800 V,则所测三极管属于硅 NPN 型中、小功率管。其中,显示数值较大的一次,黑表笔所接的引脚为发射极。如果显示屏上的数值都显示为 0.400~0.600 V,则所测三极管属于硅 NPN 型大功率管。其中,显示数值较大的一次,黑表笔所接的引脚为发射极。

用红表笔接基极,黑表笔先后接触另外两个引脚,若两次都显示溢出符号"OL"或"1",调换表笔测量,即黑表笔接基极,红表笔接触另外两个引脚,显示数值都大于 0.400 V,则表明所测三极管属于硅 PNP 型,此时数值较大的一次,红表笔所接的引脚为发射极。数字万用表在测量过程中,若显示屏上的显示数值都小于 0.400 V,则所测三极管属于锗管。

②放大系数的测量。h_{FE} 是三极管的直流电流放大系数。用数字万用表或指针式万用表都可以方便地测出三极管的 h_{FE},如图 2-29 所示。

图 2-29　放大系数的测量

实践训练2　单管交流电压放大电路的连接与测试

1　实践目标

①学会放大器静态工作点的调试方法,分析静态工作点对放大器性能的影响。

②掌握放大器电压放大倍数、输入电阻、输出电阻及最大不失真输出电压的测试方法。

③熟悉常用电子仪器及模拟电路实验设备的使用。

2 内容与步骤

图 2-30 所示为共射极单管放大器与带有负反馈的两级放大器共用实验电路。如将 S_2 断开，则前级（Ⅰ）为典型电阻分压式单管放大器；如将 S_1、S_2 接通，则前级（Ⅰ）与后级（Ⅱ）接通，组成带有电压串联负反馈的两级放大器。

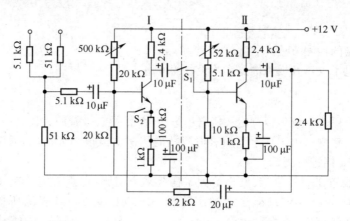

图 2-30　共射极单管放大器与带有负反馈的两级放大器共用实验电路

图 2-31 所示为电阻分压式工作点稳定单管放大器实验电路。它的偏置电路采用 R_{B1} 和 R_{B2} 组成的分压电路，并在发射极中接有电阻 R_E，以稳定放大器的静态工作点。当在放大器的输入端加入输入信号 u_i 后，在放大器的输出端便可得到一个与 u_i 相位相反，幅值被放大了的输出信号 u_o，从而实现电压放大。

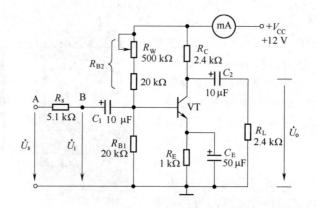

图 2-31　电阻分压式工作点稳定单管放大器实验电路

为防止干扰，各仪器的公共端必须连在一起，同时信号源、交流毫伏表和示波器的引线应采用专用电缆线或屏蔽线。如使用屏蔽线，则屏蔽线的外包金属网应接在公共接地端上。

（1）调试静态工作点

接通直流电源前，先将 R_w 调至最大。接通 +12 V 电源、调节 R_w，使 I_C = 2.0 mA（即 U_B = 2.0 V），用直流电压表测量 U_B、U_C、U_E 及用万用表测量 R_{B2} 值并分析此时三极管的工作状态。再调节 R_w，将其他情况下三极管的工作状态记入表 2-3 中。

表 2-3　三极管的工作状态记录表

测量值	分压式偏置电路			
$R_{B2}/k\Omega$				
U_B/V				
U_C/V				
U_E/V				
三极管工作状态				

（2）测量放大电路的电压放大倍数

在放大器输入端加入频率为 1 kHz 的正弦信号 u_s，调节函数信号发生器的输出旋钮使放大器输入电压 $U_i \approx 50$ mV，同时用示波器观察放大器输出电压 u_o 的波形，在波形不失真的条件下用交流毫伏表测量下述三种情况下的 U_o 的值，并用双踪示波器观察 u_o 和 u_i 的相位关系，记入表 2-4 中。

表 2-4　u_o 和 u_i 相位关系记录表

$R_C/k\Omega$	$R_L/k\Omega$	U_o/V	A_u	观察记录一组 U_i 和 U_o 的波形
2.4	∞			
1.2	∞			
2.4	2.4			

（实践过程）

学生_____成绩_____
日期_____教师_____

项目❸ 复合仪表放大电路的制作与调试

本项目主要介绍集成运算放大器,以及由集成运算放大器构成的复合仪表放大电路。

兴趣导入

几个廉价的普通运算放大器和几只电阻器(简称"电阻"),即可构成性能优越的仪表用放大器。它广泛应用于工业自动控制、仪器仪表、电气测量、医疗器械及其他数字采集的系统中。

相关知识1 运算放大器的组成及特性

学习目标

①熟悉集成运算放大器的符号及理想特性。

②了解集成运算放大器的应用。

集成运算放大器(简称"集成运放")是一种多端电子器件,最早开始应用于1940年,首先应用于模拟计算机上,作为基本运算单元,可以完成加减、积分、微分、乘除等数学运算。自1960年后,随着半导体集成工艺的发展,运算放大器逐步集成化,大大降低了成本,其应用远远超出了模拟计算机的界限,在信号运算、信号处理、信号测量及波形产生等方面获得了广泛应用。

1 集成运放的基本组成

集成运放是一个具有高电压放大倍数的多级直接耦合放大电路,其基本组成如图3-1所示。差分输入级能够提高整个电路的质量;中间放大级能够提供足够的放大倍数;输出级能够提高足够的带负载能力;偏置电路为各级放大器提供合适的偏置电流和电压,稳定其合适的静态工作点。

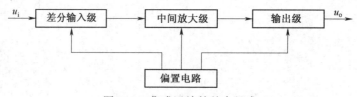

图3-1 集成运放的基本组成

2 集成运放的符号

集成运放的图形符号如图3-2所示。图中输入端标"+"号的为同相输入端,标"−"号的为反相输入端,它们对"地"端的电压分别用 u_+、u_- 表示。输出信号 u_o 的相位与反相输入端信号 u_- 相反,与同相输入端信号 u_+ 相位相同。集成运放正常工作还必须有正、负电源端,电源典型值有 ±15 V 和 ±12 V 等,还可能有补偿端和调零端。在简化电路时,电源端、调零端等都不画。常见集成运放的外形如图 3-3 所示,常见集成运放的实物图如图 3-4 所示。

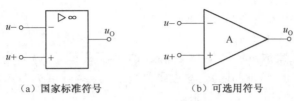

（a）国家标准符号 　　　　（b）可选用符号

图 3-2　集成运放的图形符号

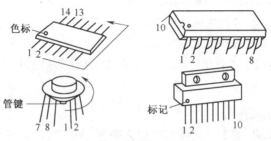

图 3-3　常见集成运放的外形

图 3-4　常见集成运放的实物图

3 集成运放的理想特性

图 3-5 为理想集成运放的等效电路图,图中 R_i 为集成运放的输入电阻,R_o 为输出电阻,输出电压 U_o 与输入电压 U_i 的比值,用 A_{ud} 表示,称为开环电压放大倍数,即

$$A_{ud} = \frac{U_o}{U_i} = \frac{U_o}{U_+ - U_-} \qquad (3-1)$$

在分析集成运放的应用电路时,常把集成运放看作是理想的,即具备以下特性:

图 3-5　理想集成运放的等效电路图

①开环电压放大倍数 A_{ud} 趋于无穷大;

②输入电阻 R_i 趋于无穷大;

③输出电阻 R_o 趋于零。

显然,实际的集成运放是不可能达到上述理想条件的。不过集成运放开环电压放大倍数确实可以做得很大,达到几万甚至几十万倍;输入电阻也可以做得较大,一般为几百千欧到几兆欧;输出电阻可以小到几百欧以内。在实际应用和分析集成运放电路时近似地把它理想化,可大大简化分析过程。

4 集成运放的电压传输特性

描述输入电压和输出电压之间关系的特性曲线称为电压传输特性,如图3-6所示。

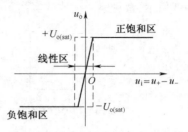

图3-6 集成运放的电压传输特性

从电压传输特性看,集成运放可分为线性区(即放大区)和非线性区(即正、负饱和区)。这主要取决于集成运放外接反馈电路的性质。一般来说,只有在深度负反馈作用下才能使集成运放工作于线性区(所谓"负反馈"是指将输出量的一部分或全部通过某种电路连接反馈至输入端,并使净输入信号减弱);而在开环或正反馈下,集成运放工作于非线性区(所谓"正反馈"是指使净输入信号增强的反馈)。

饱和电压值$\pm U_{o(sat)}$取决于外接电源电压值及输出端所接的限幅电路。

5 两种工作状态及其特点

(1)线性状态(即放大状态)

由于引入了深度负反馈,使集成运放的净输入信号很小,从而保证了输出电压不超出线性范围,此时u_o与u_i($u_i = u_+ - u_-$)的关系是线性的,即

$$u_o = A_{uf}u_i = A_{uf}(u_+ - u_-) \tag{3-2}$$

式中,A_{uf}为带有负反馈的闭环电压放大倍数

理想集成运放工作在线性区时,分析依据有两条:

①同相输入端与反相输入端的电压差为0,即$u_+ - u_- = 0$,这种现象称为"虚短"。

这是因为电路的开环电压放大倍数趋于无穷大,而输出电压U_o为有限值,由式(3-1)可得

$$U_+ - U_- = \frac{U_o}{A_{ud}} = 0$$

即

$$U_+ = U_-$$

②输入电流等于零,即$I_+ = I_- = 0$,这种现象称为"虚断"。

这是因为理想集成运放的输入电阻R_i为无穷大,所以输入端几乎没有电流流进。

(2)非线性状态(即饱和状态)

由于电路处于开环或引入正反馈,使得输出电压很快被放大到饱和值,此时输出电压只有两种可能:

①若$u_i = u_+ - u_- > 0$,即$u_+ > u_-$,则$u_o = +U_{o(sat)}$;

②若$u_i = u_+ - u_- < 0$,即$u_+ < u_-$,则$u_o = -U_{o(sat)}$。

相关知识2 放大电路中的反馈

学习目标

①了解反馈对放大电路性能的影响。
②能够熟练判断交流负反馈的四种组态。
③掌握反馈放大电路的装配与调试。

将电路的输出量的一部分或全部,通过一定的电路(反馈网络),再返送到输入电路,并对输入

造成影响,这就是反馈。

引入了反馈的放大电路称为反馈放大电路,它由基本放大电路和反馈网络两部分组成,如图 3-7 所示。

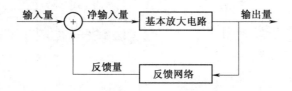

图 3-7　反馈放大电路的框图

图中 $\oplus$ 表示比较环节,输入量与反馈量在此叠加成基本放大电路的净输入量,加到基本放大电路上,经过反馈网络返回至输入端。基本放大电路可以是单级,也可以是多级或者是集成放大电路;反馈网络可由电阻、电容、电感、三极管等元件组成的电路构建。反馈网络与基本放大电路形成一个闭环系统,所以把引入反馈的基本放大电路称为闭环放大电路,而未引入反馈的基本放大电路称为开环放大电路。

反馈放大电路的特征是存在反馈元件,反馈元件联系着基本放大电路的输入与输出,并影响基本放大电路的输入。判断电路中有无反馈的依据就是在电路中能否找到反馈元件。

1　正反馈和负反馈

如果反馈信号加强输入信号,即在输入信号不变时输出信号比没有反馈时变大,导致放大倍数增大,这种反馈称为正反馈;反之,如果反馈信号削弱输入信号,即在输入信号不变时输出信号比没有反馈时变小,导致放大倍数减小,这种反馈称为负反馈。

判别正、负反馈可采用瞬时极性法:先假定输入信号瞬时对地有一正向的变化,瞬时极性用"(+)"表示;然后按照信号先放大后反馈的传输途径,根据放大器在中频区有关电压的相位关系,依此得到各级放大器的输入信号与输出信号的瞬间电位是升高还是降低,即极性是(+)还是(-),最后推出反馈信号的瞬时极性,从而判断反馈信号是加强还是削弱输入信号,加强的(即净输入信号增大)为正反馈,削弱的(即净输入信号减小)为负反馈。

如图 3-8 所示电路中,用瞬时极性法可以判别电路中引入的是负反馈。

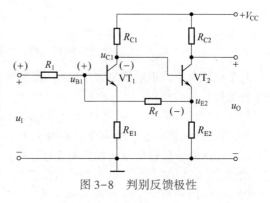

图 3-8　判别反馈极性

2　负反馈放大器的组态

根据反馈网络与基本放大电路输出端和反馈网络与基本放大电路输入端的连接方式不同,负反馈可以分为四种组态:电压串联负反馈、电压并联负反馈、电流串联负反馈和电流并联负反馈。

(1)电压反馈和电流反馈

判断电压反馈和电流反馈的方法是看输出,如果反馈信号与输出电压是从输出同一端引出的,即反馈信号与输出点相连,就是电压反馈;相反,如果反馈信号与输出电压不是从输出同一端引出的,即反馈信号不与输出点相连,就是电流反馈。

图 3-9(a)中,反馈元件 R_1,图中反馈信号未与输出点相连,故为电流反馈;图 3-9(b)中,反馈

信号直接与输出点相连,故为电压反馈。

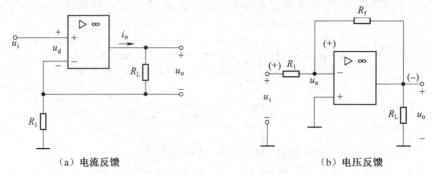

（a）电流反馈　　　　　　　　　　　（b）电压反馈

图 3-9　判别电流反馈和电压反馈

（2）串联反馈和并联反馈

判断串联反馈和并联反馈的方法是看输入,若反馈信号直接与输入信号端连在一起则为并联反馈;若反馈信号与输入信号端未连在一起则为串联反馈。

如图 3-10 所示,图 3-10(a)反馈信号与输入信号连接在同一端,则为并联反馈,图 3-10(b)反馈信号与输入信号未连接在同一端,则为串联反馈。

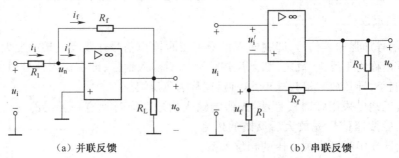

（a）并联反馈　　　　　　　　　　　（b）串联反馈

图 3-10　判别串联反馈和并联反馈

凡是电压负反馈都能稳定输出电压,凡是电流负反馈都能稳定输出电流,即负反馈具有稳定被采样的输出量的作用。

例 3-1　试分析如图 3-11 所示放大电路对交流信号引入反馈的性质和组态。

解:首先利用瞬时极性法可以判断图 3-11(a)~图 3-11(d)均为负反馈。

图 3-11(a)中反馈信号与输出端连接在一点,则为电压反馈,同时反馈信号与输入信号连接在同一端,则为并联反馈,即为电压并联负反馈。

图 3-11(b)中反馈信号与输出端连接在一点,则为电压反馈,同时反馈信号与输入信号未连接在同一端,则为串联反馈,即为电压串联负反馈。

图 3-11(c)中反馈信号与输出端未连接在一点,则为电流反馈,同时反馈信号与输入信号未连接在同一端,则为串联反馈,即为电流串联负反馈。

图 3-11(d)中反馈信号与输出端未连接在一点,则为电流反馈,同时反馈信号与输入信号连接在同一端,则为并联反馈,即为电流并联负反馈。

3　**负反馈对放大器性能的影响**

负反馈虽然使放大器的放大倍数下降,却从多方面改善了放大器的性能,如提高放大倍数的稳定性,减小非线性失真,扩展通频带,改变输入、输出电阻等。

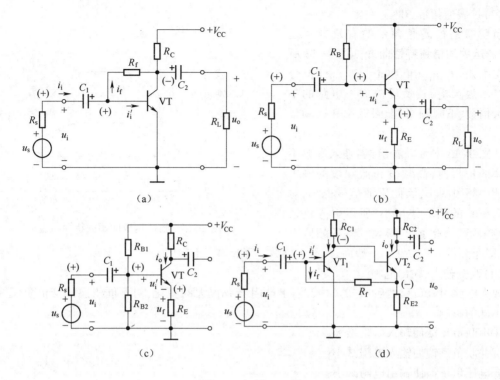

图3-11 例3-1图

（1）提高放大倍数的稳定性

当放大器引入负反馈后，如果保持输入信号不变，则输出信号基本得到稳定，因此闭环放大倍数也很稳定。

（2）减小非线性失真

由于组成放大电路的半导体器件都存在非线性特性，当输入信号为幅值较大的正弦波时，输出信号会出现正、负半周幅度不一致的失真，即非线性失真。

引入负反馈后，反馈网络将失真的输出信号叠加到输入信号上，这样的预失真信号经过放大后恰好补偿了失真，使输出信号的正、负半周幅度基本相等，从而减小了非线性失真，如图3-12所示。

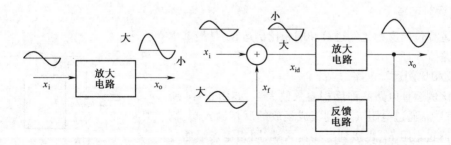

图3-12 负反馈减小非线性失真

值得注意的是，负反馈只能减小反馈环内所产生的失真，而对于输入信号本身存在的失真，负反馈是无能为力的。

（3）扩展通频带 BW

负反馈是扩展通频带的有效方法之一，集成运放的幅频特性曲线如图3-13所示。图中 A_m、f_L、f_H、BW 和 A_{mf}、f_{Lf}、f_{Hf}、BW_f 分别为基本放大电路、负反馈放大电路的中频放大倍数、下限频率、上限频率和通频带宽度。

从图3-13中可以看出，当输入等幅不同频率的信号时，高频段和低频段的输出信号比中频段的小，因此反馈信号也小，对净输入信号的削弱作用小，所以引入反馈后，中频段放大倍数下降大，高、低频段下降小，即通频带 $BW_f > BW$。一般而言，放大倍数下降越多，频带越宽。

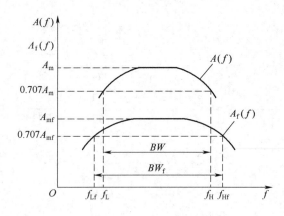

图3-13　集成运放的幅频特性曲线

（4）改变输入、输出电阻

放大电路引入负反馈后，它的输入、输出电阻会有很大的变化，对不同组态的交流负反馈，会产生不同的影响。

①串联负反馈使输入电阻增大；

②并联负反馈使输入电阻减小；

③电压负反馈使输出电阻减小；

④电流负反馈使输出电阻增大。

相关知识3　基本运算电路

学习目标

①理解各种运算电路的基本特性和工作原理。

②掌握比例运算放大电路的装配、调试与故障检修。

集成运放可以应用在各种运算电路上，以输入电压作为自变量，输出电压按一定的数学规律变化，反映出某种运算的结果。常见的运算电路有比例、加、减、积分、微分等。集成运放在运算电路中必须工作在线性区，在深度负反馈条件下，利用反馈网络实现各种数学运算。

1　比例运算电路

比例运算包括反相比例运算和同相比例运算，是最基本的运算电路。

（1）反相比例运算电路

反相比例运算电路又称反相输入放大器，如图3-14所示，输入信号 u_i 通过电阻 R_1 接到集成运放的反相输入端，输出信号 u_o 通过电阻 R_f，也接到反相输入端，同相输入端通过电阻 R_2 接地。电路构成负反馈，因此集成运放工作在线性工作区。

根据"虚短"和"虚断"的概念，$u_- = u_+ = 0$，$i_1 = i_f$

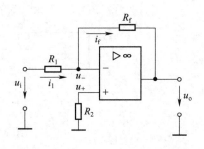

图3-14　反相比例运算电路

即
$$\frac{u_i - u_-}{R_1} = \frac{u_- - u_o}{R_f}$$

解得
$$u_o = A_{uf}u_i = -\frac{R_f}{R_1}u_i \tag{3-3}$$

式(3-3)表明,反相输入放大器的输出电压 u_o 与输入电压 u_i 反相且成比例关系,所以称其为反相比例运算电路。当 $R_1 = R_f$ 时,$u_o = -u_i$,电路又称反相器。

式(3-3)还表明,闭环电压放大倍数 A_{uf} 只由反馈电阻 R_f 及输入端外接电阻 R_1 决定,而与集成运放的内部参数无关。因此,只要电阻的精度和稳定性高,反相比例运算电路的运算精度和稳定性就高。

在本电路中,虽然反相输入端没有接地,但由于 u_+ 端接地,而使得反相输入端 $u_- = 0$,通常把这一现象称为虚地。

为了保证运算精度,需注意使两个输入端的总电阻相等,即 $R_2 = R_1 /\!/ R_f$。R_2 称为平衡电阻。

(2)同相比例运算电路

同相比例运算电路如图 3-15 所示,电路构成负反馈,因此集成运算放大器工作在线性区。图 3-15(a)平衡电阻 $R_2 /\!/ R_3 = R_1 /\!/ R_f$,图 3-15(b)平衡电阻 $R_2 = R_1 /\!/ R_f$。

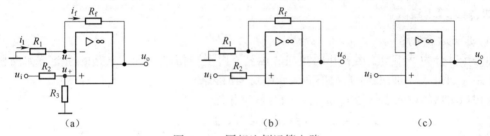

图 3-15　同相比例运算电路

在图 3-15(a)中,根据"虚短"和"虚断"的概念,$u_- = u_+ = \dfrac{u_i}{R_2 + R_3}R_3$,$i_1 = i_f$

即
$$\frac{0 - u_-}{R_1} = \frac{u_- - u_o}{R_f}$$

解得
$$u_o = A_{uf}u_i = \left(1 + \frac{R_f}{R_1}\right)u_- = \left(1 + \frac{R_f}{R_1}\right)\frac{R_3}{R_2 + R_3}u_i \tag{3-4}$$

式(3-4)表明,同相输入放大器的输出电压 u_o 与输入电压 u_i 同相,其闭环电压放大倍数 A_{uf} 只与该电路的 R_1 和 R_f 有关。由于 u_+ 没有接地,因此不存在虚地现象。

图 3-15(b)与图 3-15(a)相比,$R_3 = \infty$,$u_- = u_+ = u_i$ 代入式(3-4),得
$$u_o = A_{uf}u_i = \left(1 + \frac{R_f}{R_1}\right)u_- = \left(1 + \frac{R_f}{R_1}\right)u_i \tag{3-5}$$

图 3-15(c)与图 3-15(b)相比,$R_1 = \infty$,$R_f = 0$,代入式(3-5),得
$$u_o = A_{uf}u_i = u_i \tag{3-6}$$

该电路称为电压跟随器。电压跟随器有极高的输入电阻和极低的输出电阻,它在电路中能起到良好的隔离作用。

例 3-2　图 3-16 是应用集成运放电路测量电压的原理图,共有 0.5 V、1 V、5 V、10 V、50 V 五个量程,输出端接有满量程 5 V、0.5 μA 的电压表,试计算 $R_{11} \sim R_{15}$ 的阻值。

解:这是一个多挡位反相比例运算电路。当被测电压<50 V 时,选择量程开关至 50 V 挡;当被

测电压<10 V时,选择量程开关至10 V挡;当被测电压<5 V时,选择量程开关至5 V挡;当被测电压<1 V时,选择量程开关至1 V挡;当被测电压<0.5 V时,选择量程开关至0.5 V挡。由式(3-3)得

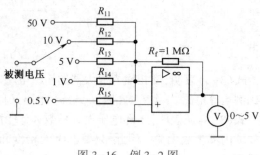

图 3-16 例 3-2 图

$$5 = -\frac{R_f}{R_{11}}u_{i1} = -50 \times \frac{10^6}{R_{11}},\ \text{解得}\ R_{11} = 10\ \text{M}\Omega$$

$$5 = -\frac{R_f}{R_{12}}u_{i2} = -10 \times \frac{10^6}{R_{12}},\ \text{解得}\ R_{12} = 2\ \text{M}\Omega$$

$$5 = -\frac{R_f}{R_{13}}u_{i3} = -5 \times \frac{10^6}{R_{13}},\ \text{解得}\ R_{13} = 1\ \text{M}\Omega$$

$$5 = -\frac{R_f}{R_{14}}u_{i4} = -1 \times \frac{10^6}{R_{14}},\ \text{解得}\ R_{14} = 0.2\ \text{M}\Omega$$

$$5 = -\frac{R_f}{R_{15}}u_{i5} = -0.5 \times \frac{10^6}{R_{15}},\ \text{解得}\ R_{15} = 0.1\ \text{M}\Omega$$

2 加、减运算电路

(1)加法运算电路

加法运算分为反相加法运算和同相加法运算。由于同相加法运算电路的性能不如反相加法运算电路(又称"反相加法器"),故下面仅介绍反相加法器。

反相加法器的输入端信号 u_{i1}、u_{i2}、u_{i3} 同时从反相输入端输入,可以实现多个输入信号的代数相加运算,电路如图 3-17 所示。

电路构成负反馈,因此集成运放工作在线性区。电路平衡电阻 $R = R_f // R_1 // R_2 // R_3$。根据"虚短"和"虚断"的概念,$u_- = u_+ = 0$,$i_f = i_1 + i_2 + i_3$

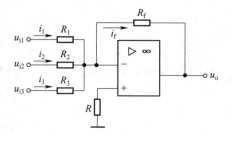

图 3-17 反相加法器电路

即

$$\frac{u_{i1}}{R_1} + \frac{u_{i2}}{R_2} + \frac{u_{i3}}{R_3} = -\frac{u_o}{R_f}$$

解得

$$u_o = -\left(\frac{u_{i1}R_f}{R_1} + \frac{u_{i2}R_f}{R_2} + \frac{u_{i3}R_f}{R_3}\right) \tag{3-7}$$

式(3-7)表明,输出电压等于各个输入电压按不同的比例相加之和。

如果 $R_1 = R_2 = R_3 = R_f$,那么有

$$u_o = -(u_{i1} + u_{i2} + u_{i3})$$

(2)减法运算电路

电路如图 3-18 所示,将两个输入信号分别加到运算放大器的反相输入端和同相输入端,选择适当的电路参数,可以使输出电压正比于两个输入信号之差。

现在用叠加原理求 u_o 的表达式:

①令 $u_{i2} = 0$,在 u_{i1} 的作用下,等效电路为反相比例运算电路,由式(3-3)得

$$u'_o = -\frac{R_f}{R_1}u_{i1}$$

②再令 $u_{i1} = 0$,在 u_{i2} 的作用下,等效电路如图 3-15(a)所示,由式(3-4)得

$$u''_o = \left(1 + \frac{R_f}{R_1}\right)\left(\frac{R_3}{R_2 + R_3}\right)u_{i2}$$

所以总的输出电压为

$$u_o = u'_o + u''_o = -\frac{R_f}{R_1}u_{i1} + \left(1 + \frac{R_f}{R_1}\right)\left(\frac{R_3}{R_2 + R_3}\right)u_{i2}$$

若令 $R_1 = R_2$，$R_3 = R_f$，则

$$u_o = (u_{i2} - u_{i1})\frac{R_f}{R_1} \tag{3-8}$$

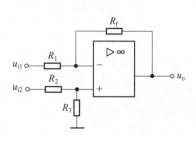

图 3-18　减法运算电路

式(3-8)表明，输出电压等于两个输入电压之差，故此电路又称差分运算放大电路，它实现了减法运算功能。

3　微分运算电路和积分运算电路

（1）微分运算电路

电路如图 3-19 所示，输入信号 u_i 通过电容 C 加到集成运放的反相输入端，输出电压通过反馈电阻 R_f 接到反相输入端，构成负反馈电路，理想集成运放工作在线性区。

根据"虚短"和"虚断"的概念，$u_- = u_+ = 0$，$i_1 = i_f$

即

$$C\frac{du_i}{dt} = \frac{0 - u_o}{R_f}$$

解得

$$u_o = -R_f C\frac{du_i}{dt} \tag{3-9}$$

式中，$R_f C$ 称为时间常数。

式(3-9)表明，输出电压正比于输入电压对时间的微分，负号表示输出信号与输入信号反相。

（2）积分运算电路

电路如图 3-20 所示，输入信号 u_i 经电阻 R_1 加到集成运放的反相输入端，输出电压经反馈电容 C 接到反相输入端，构成负反馈电路，理想集成运放工作在线性区。

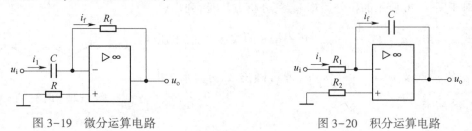

图 3-19　微分运算电路　　　　　　　　图 3-20　积分运算电路

根据"虚短"和"虚断"的概念，$u_- = u_+ = 0$，$i_1 = i_f$

即

$$\frac{u_i}{R_1} = C\frac{d(0 - u_o)}{dt} = -C\frac{du_o}{dt}$$

解得

$$u_o = -\frac{1}{R_1 C}\int u_i dt \tag{3-10}$$

式中，$R_1 C$ 称为积分时间常数，它的数值越大，达到某一 U_o 值所需的时间越长。式(3-10)表明，输出电压 u_o 与输入电压 u_i 的积分成正比，负号表示输出信号与输入信号反相。

例 3-3　图 3-21 所示电路为测振仪框图。可用于测量物体振动时的位移、速度和加速度。设物体振动的位移为 x，振动的速度为 v，加速度为 a，则根据物理学知识有如下关系：

$$v = \frac{\mathrm{d}x}{\mathrm{d}t}$$

$$a = \frac{\mathrm{d}v}{\mathrm{d}t} = \frac{\mathrm{d}^2x}{\mathrm{d}t^2}$$

$$x = \int v \mathrm{d}t$$

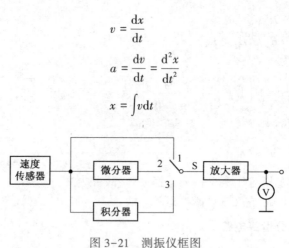

图 3-21　测振仪框图

解:图 3-21 中速度传感器产生的信号与速度成正比,它可直接放大(开关在"1"位置)以测量速度;速度信号经微分器(见图 3-21)进行运算(开关在"2"位置)再放大,可测量加速度;速度信号经积分器(见图 3-21)进行运算(开关在"3"位置)再放大,可测量位移;放大器输出端接测量仪表或示波器进行观察和记录。

例3-4　微分和积分运算电路分别如图 3-19 和图 3-20 所示。对于图 3-22(a)所示的方波电压输入信号,微分电路可将其变换为尖脉冲电压,积分电路可将其变换为三角波电压。试分析之。

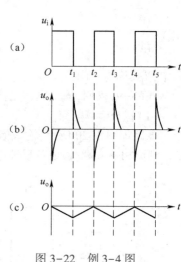

图 3-22　例3-4图

解:①对于图 3-19 所示的微分运算电路,分析方法是,列出电压方程 $u_i = u_c - u_o$,再根据 u_i 的波形、电容电压不能突变的特点及 $u_o = -R_f C \dfrac{\mathrm{d}u_i}{\mathrm{d}t}$,即可画出 u_o 的波形,如图 3-22(b)所示。

②对于图 3-20 所示的积分运算电路,分析方法是,列出电压方程式 $u_i = Ri - u_o = RC\dfrac{\mathrm{d}u_c}{\mathrm{d}t} - u_o$,再根据 u_i 的波形、电容电压不能突变的特点及 $u_o = -\dfrac{1}{R_1 C}\int u_i \mathrm{d}t$,即可画出 u_o 的波形,如图 3-22(c)所示。

实践训练　集成运算放大器电路连接与测试

1　实践目标

①熟悉由集成运算放大器组成的比例、加法、减法等基本运算电路。

②了解集成运算放大器在实际应用时应考虑的一些问题。

2　内容与步骤

集成运算放大器 uA741,是通用高增益运算放大器,也是最常用的集成运放之一。

uA741 芯片引脚如图 3-23 所示。功能说明:1 引脚和 8 引脚为偏置平衡(调零端),2 引脚为反相输入端,3 引脚为同相输入端,4 引脚接地,5 引脚为空脚,6 引脚为输出,7 引脚接电源正极。

(1)反相比例运算电路

按图 3-24 连接好电路,在输入端输入 $U_i = 0.5$ V,$f = 100$ Hz 的正弦信号,测量相应的 U_o,并用示波器观测 U_o 和 U_i 的相位关系,将观测到的波形及数据记入表 3-1 中。

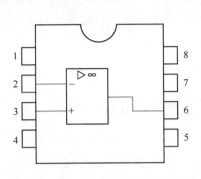

图 3-23　uA741 芯片引脚

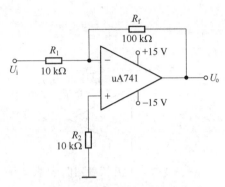

图 3-24　反相比例运算电路

表 3-1　反相比例运算电路测试波形及数据

U_i/V	U_o/V	U_i 波形	U_o 波形	A_u	
				测试值	计算值

(2)同相比例运算电路

按图 3-25 连接好电路,具体实验方法与反相比例运算电路相同,而后将观测到的波形及数据记入表 3-2 中。

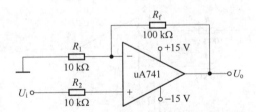

图 3-25　同相比例运算电路

表 3-2　同相比例运算电路测试波形及数据

U_i/V	U_o/V	U_i 波形	U_o 波形	A_u	
				测试值	计算值

(3)电压跟随器电路

按图 3-26 连接好电路,这里 R_p 为接在同相输入端减少温漂的电阻,$R_p = R_f$,电阻 R_f 之值一般取 10 kΩ 左右,太小起不到保护作用;太大则影响跟随性,具体实验可参考反相比例运算电路。

*（4）反相加法运算电路（加法器）

按图3-27连接好电路，输入两个直流电压信号，并测量输入电压及输出电压，并将其记入表3-3中。

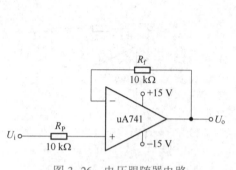

图3-26　电压跟随器电路

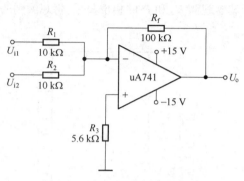

图3-27　反相加法运算电路

表3-3　反相加法运算电路测试数据

信　号		第一次	第二次	分析
输入	U_{i1}/V			
	U_{i2}/V			
输出	U_o/V			

*（5）减法运算电路（减法器）

按图3-28连接好电路，输入两个直流电压信号，由双路直流稳压电源提供，用直流电压表测量输入电压和输出电压，并将其记入表3-4中。

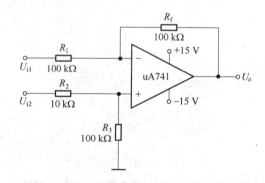

图3-28　减法运算电路

表3-4　减法运算电路测试数据

信　号		第一次	第二次	分析
输入	U_{i1}/V			
	U_{i2}/V			
输出	U/V			

说明："＊"表示选做内容。

（实践过程）

学生_____成绩_____

日期_____教师_____

项目 **4** 三人表决器电路的设计与制作

三人表决电路是数字电路中的典型应用,主要研究各种逻辑门电路、集成元器件的功能及其应用,自20世纪70年代开始,用数字电路处理模拟信号,这种"数字化"浪潮已经席卷了电子技术几乎所有的应用领域。

兴趣导入

电视上的选秀、冲关、挑战等节目中,常由三个评委通过表决器来决定选手的去留、晋级等,那么表决器是如何来制作的呢?

相关知识1 认识数字电路

学习目标

①了解数字信号和数字电路。
②了解数字电路的特点。
③了解数字电路的分类。

1 数字信号和数字电路

在时间和数值上均连续变化的电信号,如正弦波、三角波、电压、电流、温度等信号称为模拟信号;在时间和数值上均是离散的电信号称为数字信号,如开关的开和关,信号的有和无等,处理数字信号的电路称为数字电路。

2 数字电路的特点

①数字信号比较简单,只有有和无两个状态,由其构成的数字电路的单元电路也比较简单,只要能够可靠地区分"0"和"1"即可,便于集成、系列化生产,成本低廉,使用方便。

②数字电路处理的都是逻辑问题,即输出与输入之间的逻辑关系,所以又称逻辑电路,只要将电路的逻辑性能分析清楚,即可进行逻辑设计。

3 数字电路的分类

①按集成电路的集成度可以分为小规模(SSI)、中规模(MSI)、大规模(LSI)和超大规模(VLSI)集成电路。

②按电路的逻辑功能特点可以分为组合逻辑电路和时序逻辑电路。组合逻辑电路在逻辑功能上的特点是:任意时刻的输出状态仅取决于该时刻的输入状态,与电路原来的状态无关。

③按电路所用器件可以分为双极型(如 DTL、TTL、ECL、IIL、HTL)和单极型(如 NMOS、PMOS、COMS)电路。

相关知识 2　数制与编码

学习目标

①掌握二、八、十、十六进制的表示方法。

②掌握二、八、十、十六进制之间的转换。

③熟悉常见 BCD 码的意义及表示方法。

数字电路中的运算不仅有普通的算术运算还有逻辑运算。

1　数制

把多位数码中每一位的构成方法及从低位到高位的进位规则称为数制。在数字电路中经常使用的数制有十进制(用 D 或下角标 10 表示或不用任何标识)、二进制(用 B 或下角标 2 表示)、八进制(用 O 或下角标 8 表示)、十六进制(用 H 或下角标 16 表示)。

(1)十进制

十进制的数码有 0、1、2、3、4、5、6、7、8、9 共十个,计数的基数是 10,超过 9 要向高位进位,进位规律是"逢十进一"。

对十进制数 2 468.25 可表示成多项式形式:

$$(2\ 468.25)_{10} = 2 \times 10^3 + 4 \times 10^2 + 6 \times 10^1 + 8 \times 10^0 + 2 \times 10^{-1} + 5 \times 10^{-2}$$

对任意一个十进制数可表示为

$$(N)_{10} = \sum_{i=-m}^{n-1} a_i \times 10^i$$

式中,a_i 是第 i 位的系数,它可能是 0~9 中的任意数码;n 表示整数部分的位数;m 表示小数部分的位数;10^i 表示数码在不同位置的大小,称为位权。

(2)二进制

在数字电路中广泛使用的是二进制。二进制的每位只有 0 和 1 两个数码,进位规律是"逢二进一"。

对二进制数 1011.11 可表示成多项式形式:

$$(1011.11)_2 = 1 \times 2^3 + 0 \times 2^2 + 1 \times 2^1 + 1 \times 2^0 + 1 \times 2^{-1} + 1 \times 2^{-2}$$

对任意一个二进制数可表示为

$$(N)_2 = \sum_{i=-m}^{n-1} a_i \times 2^i$$

式中,a_i 是第 i 位的系数,它可能是 0、1 中的任意数码;n 表示整数部分的位数;m 表示小数部分的位数;2^i 表示数码在不同位置的大小,称为位权。

(3)八进制

八进制的数码有 0、1、2、3、4、5、6、7 共八个,计数的基数是 8,进位规律是"逢八进一"。

对八进制数 135.53 可表示成多项式形式:

$$(135.53)_8 = 1 \times 8^2 + 3 \times 8^1 + 5 \times 8^0 + 5 \times 8^{-1} + 3 \times 8^{-2}$$

(4)十六进制

十六进制的数码有 0、1、2、3、4、5、6、7、8、9、A(10)、B(11)、C(12)、D(13)、E(14)、F(15)共十六个。计数的基数是 16,进位规律是"逢十六进一"。

对十六进制数 3C.5E 可表示成多项式形式:

$$(3C.5E)_{16} = 3 \times 16^1 + 12 \times 16^0 + 5 \times 16^{-1} + 14 \times 16^{-2}$$

表 4–1 是十进制数 0~15 与等值二进制数、八进制数、十六进制数的对照表。

表 4–1　不同进制数对照表

十进制数	二进制数	八进制数	十六进制数
0	0000	00	0
1	0001	01	1
2	0010	02	2
3	0011	03	3
4	0100	04	4
5	0101	05	5
6	0110	06	6
7	0111	07	7
8	1000	10	8
9	1001	11	9
10	1010	12	A
11	1011	13	B
12	1100	14	C
13	1101	15	D
14	1110	16	E
15	1111	17	F

2　数制的转换

（1）二进制数与十进制数的转换

将二进制数转换为十进制数：将每一位二进制数乘以对应位的权后再相加，即可得到等值的十进制数。如：

$$(1011.11)_2 = 1 \times 2^3 + 0 \times 2^2 + 1 \times 2^1 + 1 \times 2^0 + 1 \times 2^{-1} + 1 \times 2^{-2} = (11.75)_{10}$$

将十进制数转换为二进制数：整数部分采用"除 2 倒取余法"，直至整数部分为零；小数部分采用"乘 2 正取整法"，直至小数部分为零，如：

$$(173)_{10} = (10101101)_2$$

$$(0.8125)_{10} = (0.1101)_2$$

2⌊173	·················· 余数=1	最低位
2⌊86	·················· 余数=0	
2⌊43	·················· 余数=1	
2⌊21	·················· 余数=1	
2⌊10	·················· 余数=0	
2⌊5	·················· 余数=1	
2⌊2	·················· 余数=0	
2⌊1	·················· 余数=1	最高位
0		

$$
\begin{array}{r}
0.8125 \\
\times \quad 2 \\
\hline
1.6250
\end{array} \cdots\cdots\cdots\cdots \text{整数部分}=1 \quad \text{最高位}
$$

$$
\begin{array}{r}
0.6250 \\
\times \quad 2 \\
\hline
1.2500
\end{array} \cdots\cdots\cdots\cdots \text{整数部分}=1
$$

$$
\begin{array}{r}
0.2500 \\
\times \quad 2 \\
\hline
0.5000
\end{array} \cdots\cdots\cdots\cdots \text{整数部分}=0
$$

$$
\begin{array}{r}
0.5000 \\
\times \quad 2 \\
\hline
1.0000
\end{array} \cdots\cdots\cdots\cdots \text{整数部分}=1 \quad \text{最低位}
$$

（2）二进制数与八进制数的转换

二进制数的基数是 2，八进制数的基数是 8，正好有 $2^3=8$。因此，任意一位八进制数都能与三位二进制数相互转换。

八进制数转换成二进制数时，可直接将每位八进制数转换成三位二进制数。

二进制数转换为八进制数时，从小数点开始向两边分别将整数和小数每三位划分成一组，整数部分的最高一组不够三位时，在高位补 0；小数部分的最后一组不足三位时，在低位补 0，将每组的三位二进制数转换成一位八进制数即可。

例 4-1 将 $(354.72)_8$ 转换成二进制数。

解：

$$
\begin{array}{ccccccc}
3 & 5 & 4 & . & 7 & 2 \\
\downarrow & \downarrow & \downarrow & & \downarrow & \downarrow \\
011 & 101 & 100 & . & 111 & 010
\end{array}
$$

所以，$(354.72)_8=(011101100.111010)_2$。

例 4-2 将 $(1010110.0111)_2$ 转换成八进制数。

解：

$$
\begin{array}{ccccccc}
001 & 010 & 110 & . & 011 & 100 \\
\downarrow & \downarrow & \downarrow & & \downarrow & \downarrow \\
1 & 2 & 6 & . & 3 & 4
\end{array}
$$

所以，$(1010110.0111)_2=(126.34)_8$。

（3）二进制数与十六进制数的转换

二进制数的基数是 2，十六进制数的基数是 16，正好有 $2^4=16$。因此，任意一位十六进制数可以转换成四位二进制数。

十六进制数转换成二进制数时，可直接将每位十六进制数转换成四位二进制数。

二进制数转换成十六进制数时，从小数点开始向两边分别将整数和小数每四位划分成一组，整数部分的最高一组不够四位时，在高位补 0；小数部分的最后一组不足四位时，在低位补 0，将每组的四位二进制数转换成一位十六进制数即可。

例 4-3 将 $(9D.5B)_{16}$ 转换成二进制数。

解：

$$
\begin{array}{cccc}
9 & D & . & 5 & B \\
\downarrow & \downarrow & & \downarrow & \downarrow \\
1001 1101 & . & 0101 1011
\end{array}
$$

所以，$(9D.5B)_{16}=(10011101.01011011)_2$。

例 4-4 将$(1101111.11001)_2$转换成十六进制数。

解:

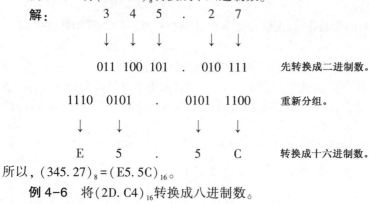

所以,$(1101111.11001)_2 = (6F.C8)_{16}$。

(4)八进制数与十六进制数的转换

八进制数与十六进制数之间的转换可用二进制数作为转换中介,即先转换成二进制数,再进行转换。

例 4-5 将$(345.27)_8$转换成十六进制数。

解:

```
    3   4   5   .   2   7
    ↓   ↓   ↓       ↓   ↓
  011 100 101   .  010 111      先转换成二进制数。

  1110  0101   .   0101  1100   重新分组。
    ↓     ↓          ↓     ↓
    E     5    .     5     C     转换成十六进制数。
```

所以,$(345.27)_8 = (E5.5C)_{16}$。

例 4-6 将$(2D.C4)_{16}$转换成八进制数。

解:

```
    2     D    .   C     4
    ↓     ↓        ↓     ↓
  0010 1101   .  1100 0100      先转换成二进制数。

  101 101   .   110 001 000     重新分组。
   ↓   ↓         ↓   ↓   ↓
   5   5    .    6   1   0       转换成八进制数。
```

所以,$(2D.C4)_{16} = (55.61)_8$。

3 编码

代表一个确切的数字,如二进制数、八进制数等称为数码;用以表示十进制数码、字母、符号等信息的一定位数的二进制数称为代码;用一定位数的二进制数来表示十进制数码、字母、符号等信息称为编码,编码就是代码的编制过程。编码在数字系统中经常使用,例如通过计算机键盘将命令、数据等输入后,首先将它们转换为二进制数码,然后才能进行信息处理。用四位二进制数码表示一位十进制数的代码,称为二-十进制码,即 BCD(binary code decimal)码。这种编码的方法很多,但常用的是 8421 码,十进制数与 8421 BCD 码的对照表如表 4-2 所示。

表 4-2　十进制数与 8421 BCD 码的对照表

十进制数	0	1	2	3	4	5	6	7	8	9
8421 BCD 码	0000	0001	0010	0011	0100	0101	0110	0111	1000	1001

8421 BCD码是用四位二进制数0000~1001来表示0~9的十进制数,每位二进制数都有固定的权。从左到右,每位依次为8、4、2、1。

例4-7 将十进制数987.65转换成BCD码。

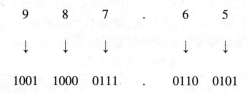

所以,$(987.65)_{10} = (100110000111.01100101)_{BCD}$。

相关知识3 逻辑代数和逻辑门电路

学习目标

①熟悉基本逻辑运算及常用集成逻辑门电路。

②掌握逻辑代数的基本定理及规则。

③掌握逻辑函数的化简法。

自然界中各种物理量的关系可以用符合某种逻辑关系的逻辑运算来表示,即用逻辑代数来描述。逻辑代数又称布尔代数或开关代数。

逻辑代数中的变量称为逻辑变量,用大写字母(A、B……)表示。逻辑变量的取值只有两种,即逻辑0和逻辑1,0和1称为逻辑常量,并不表示数量的大小,而是表示两种不同的逻辑状态。正逻辑体制规定:高电平为逻辑1,低电平为逻辑0。

逻辑代数是研究因果关系的一种代数,可以写成如下表达式的形式:

$$Y = F(A, B, C, D)$$

逻辑变量A、B、C和D称为自变量,Y称为因变量。描述因变量和自变量之间关系的函数称为逻辑函数。逻辑函数的基本运算有三种:与、或、非运算。

1 基本逻辑运算

(1)与逻辑运算

与逻辑关系可用图4-1说明。图中只有当两个开关A和开关B都闭合时,灯Y才亮;只要有一个开关断开,灯就不亮。这就是说,只有当决定一件事情(灯亮)的几个条件(开关A和开关B闭合)全部具备时,这件事情(灯亮)才能发生,否则不发生。这样的关系称为与逻辑关系。

图4-2所示为与门电路及其图形符号。

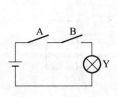

图4-1 与逻辑关系举例

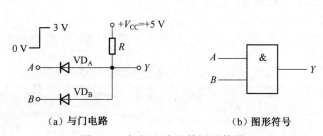

(a)与门电路 (b)图形符号

图4-2 与门电路及其图形符号

在图 4-2 所示的与门电路中,设二极管是理想的,输入端高电平为 3 V,低电平为 0 V。

当 A、B 全为 0(低电平 $U_A = U_B = 0$ V)时,二极管 VD_A 和 VD_B 都导通,输出 Y 为 0。

当 A 为 0,B 为 1(高电平 $U_B = 3$ V)时,二极管 VD_A 导通,VD_B 截止,输出 Y 为 0。

当 A 为 1,B 为 0 时,二极管 VD_B 抢先导通(VD_A 反偏截止),输出 Y 为 0。

当 A、B 全为 1 时,二极管 VD_A 和 VD_B 都导通,输出 Y 为 1(高电平,略高于 3 V)。

将上述与门电路输出状态与输入状态的逻辑关系列成表 4-3,即与门真值表。

表 4-3　与门真值表

输　入		输　出
A	B	Y
0	0	0
0	1	0
1	0	0
1	1	1

与门的逻辑功能为"有 0 出 0,全 1 出 1"。逻辑表达式为 $Y = A \cdot B$,读作 Y 等于 A 与 B 或 Y 等于 A 乘 B。通常与逻辑又称逻辑乘。

例 4-8　电路如图 4-2(a)所示,其中输入端 A 为控制信号(由单稳态电路提供的时间为 1 s 的脉冲),输入 B 为方波信号,A、B 波形如图 4-3 所示。试求:①画出输出波形;②分析该门电路的门控制作用;③脉冲发生器所产生的频率。

解:①根据与门的逻辑功能,"有 0 出 0,全 1 出 1",画出输出波形,如图 4-3 所示。

②从波形图上很容易看出,只有当控制信号 A 为逻辑 1 时,脉冲信号才能通过,相当于门被打开,此时输出 $Y = B$;当控制信号 A 为逻辑 0 时,脉冲信号不能通过,相当于门被封锁,此时输出 $Y = 0$。

③由于开门时间为 1 s,故输出脉冲在 1 s 内的个数即为该方波信号的频率。

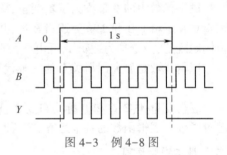

图 4-3　例 4-8 图

(2)或逻辑运算

或逻辑关系可用图 4-4 说明。

图 4-4 中两个开关 A 和 B 只要有一个或多个闭合时,灯都亮;所有开关都断开时,灯不亮。这就是说,当决定一件事情的几个条件中,只要有一个或多个条件具备时,这件事情都能发生。这样的关系称为或逻辑关系。

图 4-5 所示为或门电路及其图形符号。

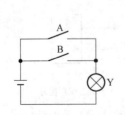

图 4-4　或逻辑关系举例

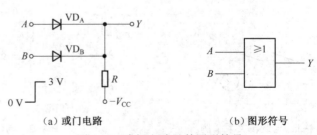

(a)或门电路　　　　　　　(b)图形符号

图 4-5　或门电路及其图形符号

运用分析与门电路的方法可得到或门真值表,如表 4-4 所示。

表 4-4　或门真值表

输　入		输　出
A	B	Y
0	0	0
0	1	1
1	0	1
1	1	1

或门的逻辑功能为"全 0 出 0,有 1 出 1"。逻辑表达式为 $Y=A+B$,读作 Y 等于 A 或 B,也可读作 Y 等于 A 加 B。通常或逻辑又称逻辑加。

例 4-9　图 4-6 所示为两路防盗报警电路,图中开关 S_1、S_2 为微动开并,分别装在门和窗户上,开关的状态与门窗的状态一致。试分析其工作原理。

解:当门和窗都关上时,开关 S_1、S_2 闭合,或门输入端全部接地,$A=0$,$B=0$,根据或门的逻辑功能"全 0 出 0,有 1 出 1",输出 $Y=0$,报警灯不亮;如果门或窗有任何一个打开,相应的开关打开,该输入端经 1 kΩ 电阻与电源 +5 V 相连,为高电平,故输出 $Y=1$,也为高电平,报警灯亮。

输出端还可以接音响电路实现声光同时报警。

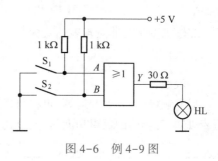

图 4-6　例 4-9 图

(3)非逻辑运算

非逻辑关系可用图 4-7 说明。图中开关 A 断开时,灯亮;闭合时,灯不亮。这就是说,事情的发生与条件总是呈相反状态。这样的关系称为非逻辑关系。

图 4-8 所示为非门电路及其图形符号。

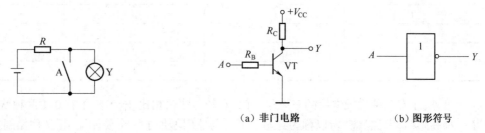

（a）非门电路　　　　　　　（b）图形符号

图 4-7　非逻辑关系举例　　　　　图 4-8　非门电路和符号

该电路实际上是一个反相器,它的输入信号与输出信号相位相反,即输入信号为低电平时,输出信号为高电平;输入信号为高电平时,输出信号为低电平。非门真值表如表 4-5 所示。

表 4-5　非门真值表

输　入	输　出
A	Y
0	1
1	0

非门的逻辑功能为"有 0 出 1,有 1 出 0"。逻辑表达式为 $Y=\overline{A}$,读作 Y 等于 A 非。

非门多被用来作为信号波形的整形和倒相。

2 复合逻辑门

由三种基本逻辑门组合而得到的逻辑门称为复合逻辑门,它可以通过集成化工艺实现。

(1)与非门

图4-9(a)所示为与非门的图形符号,它的等效门电路如图4-9(b)所示。

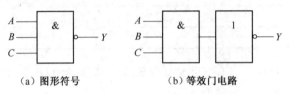

(a)图形符号　　　　　　　(b)等效门电路

图4-9　与非门的图形符号及其等效门电路

二输入变量与非逻辑表达式为

$$Y = \overline{AB}$$

一般地:

$$Y = \overline{AB\cdots}$$

运算顺序是,先做与运算,再将与运算的结果做非运算。三输入与非门真值表见表4-6。由真值表可知,与非门的逻辑功能为"有0出1,全1出0"。

表4-6　三输入与非门真值表

输　入			输　出
A	B	C	Y
0	0	0	1
0	0	1	1
0	1	0	1
0	1	1	1
1	0	0	1
1	0	1	1
1	1	0	1
1	1	1	0

另外,还有一种比较常用的三态与非门,它和与非门相比,输出除了有0、1两种状态以外,还多了一种高阻(即开路)态,所以称为三态。三态与非门增加了一个使能端E(又称控制端)。

三态门按使能端控制的有效性分为低电平有效的三态门(即当$E=0$时,按与非门工作,否则输出为高阻态);高电平有效的三态门(即$E=1$时,按与非门工作,否则输出为高阻态)。三态与非门的图形符号如图4-10所示。

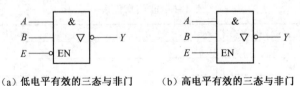

(a)低电平有效的三态与非门　　　(b)高电平有效的三态与非门

图4-10　三态与非门的图形符号

三态门常应用于数据总线结构和数据传输。

（2）或非门

或非门的图形符号如图 4-11(a)所示,它的等效门电路如图 4-11(b)所示。

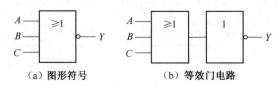

（a）图形符号　　　　　（b）等效门电路

图 4-11　或非门的图形符号及其等效门电路

二输入变量或非逻辑表达式为

$$Y = \overline{A + B}$$

一般地:

$$Y = \overline{A + B + \cdots}$$

运算顺序是,先将 A、B 做或运算,再将或运算结果做非运算。三输入或非门真值表见表 4-7。或非门的逻辑功能为"有 1 出 0,全 0 出 1"。

表 4-7　三输入或非门真值表

输　入			输　出
A	B	C	Y
0	0	0	1
0	0	1	0
0	1	0	0
0	1	1	0
1	0	0	0
1	0	1	0
1	1	0	0
1	1	1	0

（3）与或非门

图 4-12(a)所示为与或非门的图形符号,它的等效门电路如图 4-12 (b)所示。

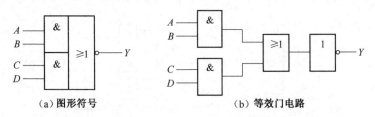

（a）图形符号　　　　　（b）等效门电路

图 4-12　与或非门的图形符号及其等效门电路

与或非逻辑的表达式为

$$Y = \overline{AB + CD}$$

运算顺序是,先将 A、B 和 C、D 分别做与运算,再将两个与运算的结果做或运算,最后将或运算结果做非运算。双二输入与或非真值表见表 4-8。与或非门的逻辑功能为"只有 A、B 或 C、D 同时为 1 时,输出才为 0"。

表4-8 双二输入与或非门真值表

输 入				输出	输 入				输出
A	B	C	D	Y	A	B	C	D	Y
0	0	0	0	1	1	0	0	0	1
0	0	0	1	1	1	0	0	1	1
0	0	1	0	1	1	0	1	0	1
0	0	1	1	0	1	0	1	1	0
0	1	0	0	1	1	1	0	0	0
0	1	0	1	1	1	1	0	1	0
0	1	1	0	1	1	1	1	0	0
0	1	1	1	0	1	1	1	1	0

（4）异或门

图4-13（a）所示为异或门的图形符号,符号中"=1"形象地表示当其输入端为1的个数等于1时,输出为1。异或门的等效门电路如图4-13（b）所示。

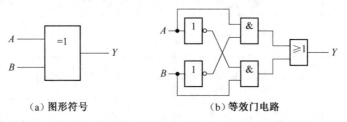

（a）图形符号　　　　　　　　（b）等效门电路

图4-13 异或门的图形符号及其等效门电路

异或逻辑表达式为

$$Y = A\bar{B} + \bar{A}B = A \oplus B$$

异或门真值表见表4-9。异或门电路的逻辑功能特点是：若A、B相异,则输出为1;若A、B相同,则输出为0。

（5）同或门

图4-14（a）所示为同或门的图形符号。同或门的等效门电路如图4-14（b）所示。

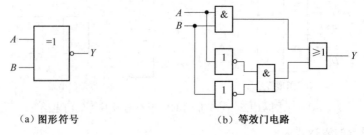

（a）图形符号　　　　　　　　（b）等效门电路

图4-14 同或门

同或逻辑表达式为

$$Y = AB + \bar{A}\,\bar{B} = A \odot B$$

同或门真值表见表4-10。同或门电路的逻辑功能特点是：若A、B相同,则输出为1;若A、B相异,则输出为 0。

表 4-9   异或门真值表

输 入		输 出
A	B	Y
0	0	0
0	1	1
1	0	1
1	1	0

表 4-10   同或门真值表

输 入		输 出
A	B	Y
0	0	1
0	1	0
1	0	0
1	1	1

比较真值表 4-9、表 4-10,可知同或和异或互为非的关系,即

$$A\overline{B} + \overline{A}B = \overline{AB + \overline{A}\overline{B}} \quad \text{或} \quad A \odot B = \overline{A \oplus B}$$

实际上厂家只生产异或电路,如果要用同或门电路,可用异或门加非门来实现。因此,同或门的另一个符号为异或非,如图 4-14(a) 所示。

以上所介绍的复合逻辑门电路中,比较重要的是与非门,这是因为,非门输出端的三极管有功率放大作用,可带较重的负载;利用与非门可实现逻辑代数的与、或和非三种基本运算,也很容易实现与或运算、异或运算等。

3 **集成门电路**

各种门电路都有集成电路产品,集成门电路根据内部组成分为 TTL 型和 CMOS 型。由三极管构成的集成门电路称为 TTL 型(又称双极型);由场效应管构成的集成门电路称为 CMOS 型(又称单极型)。

TTL 集成门电路主要系列有:74、74S、74LS、74AS、74ALS 等系列。

CMOS 集成门电路是国内外近年来在 MOS 电路基础上发展起来的一种互补对称型电路,因为其功耗极低,集成简单,目前应用也非常广泛,常用的 CMOS 集成电路有 CC4000、CC4500、74HC、74HCT 等系列,常用 74LS 系列与 CD4000 系列集成门电路的对照表见表 4-11。

表 4-11   常用 74LS 系列与 CD4000 系列集成门电路的对照表

常用 74LS 系列集成门电路		常用 CD4000 系列集成门电路	
型号	名 称	型号	名 称
74LS00	四 2 输入与非门	CD4000	双 3 输入或非门+单非门
74LS01	四 2 输入与非门	CD4001	四 2 输入或非门
74LS02	四 2 输入或非门	CD4002	双 4 输入端或非门

常用 74LS 系列集成门电路		常用 CD4000 系列集成门电路	
型号	名　称	型号	名　称
74LS04	六非门	CD4011	四 2 输入与非门
74LS08	四 2 输入与门	CD4012	双 4 输入与非门
74LS10	三 3 输入与非门	CD4023	三 3 输入与非门
74LS11	三 3 输入与门	CD4025	三 3 输入或非门
74LS20	四输入双与非门	CD4069	六非门
74LS32	四 2 输入或门	CD4070	四异或门
74LS51	两路 3-3 输入,两路 2-2 输入与或非门	CD4071	四 2 输入或门

74LS00 和 CD4001 的引脚图分别如图 4-15 和图 4-16 所示。

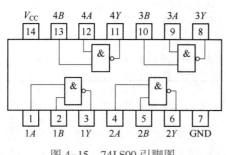

图 4-15　74LS00 引脚图

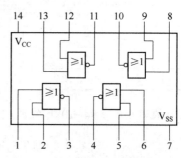

图 4-16　CD4001 引脚图

从图 4-15 中可以看出,四 2 输入与非门电路,即内部有四组独立的两输入与非门,使用时根据需要可任选其中的若干组。从图 4-16 可以看出,四 2 输入或非门电路 3 引脚、4 引脚、10 引脚和 11 引脚分别是四个输出,1 引脚、2 引脚和 3 引脚构成一个 2 输入或非门,3 脚是输出,另外三个 2 输入或非门与此相同。74LS00 和 CD4001 的 14 引脚接+5V 电源,7 引脚接"地"。

例 4-10　图 4-17 是一密码锁控制电路可用于保险柜或其他场合。开锁的条件是:要拨对密码(11010),且要将开锁的控制开关 S 接通,试分析其工作原理。

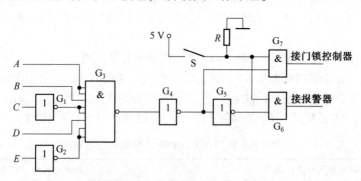

图 4-17　密码锁控制电路

解:5 位密码选用集成 T1030 型单 8 输入与非门,共有 8 个输入端,用其 5 个(不用的 3 位输入端可以与其他输入端并联)。当密码拨对后,即 $ABCDE = 11010$,G_1、G_2 均出 1,G_3 全 1 出 0,G_4 出 1。当开关 S 接通(为 1),G_7 全 1 出 1,发开锁信号,将锁打开。此时,因 G_4 出 1,G_5 出 0,G_6 无报警信号。

若密码不对，G_3 将有 0 出 1，G_4 出 0，一方面，G_7 出 0，锁不能打开；另一方面，G_5 出 1，若有人将开关 S 接通（为 1），则 G_6 全 1 出 1，发报警信号。

该电路 G_3 有 5 个输入端，故密码有 $2^5 = 32$ 种组合形式。若增加 G_3 输入端个数，则可以进一步增加密码个数，提高保密质量。

4 　逻辑代数的基本定律

逻辑代数的基本定律如表 4-12 所示。

表 4-12 　逻辑代数的基本定律

定律名称	互为对偶式	
0-1 律	$A+1=1$	$A \cdot 0=0$
自等律	$A+0=A$	$A \cdot 1=A$
互补律	$A \cdot \overline{A}=0$	$A+\overline{A}=1$
交换律	$A+B=B+A$	$A \cdot B=B \cdot A$
结合律	$A+(B+C)=(A+B)+C$	$A \cdot (B \cdot C)=(A \cdot B) \cdot C$
分配律	$A+B \cdot C=(A+B) \cdot (A+C)$	$A \cdot (B+C)=A \cdot B+A \cdot C$
吸收律	$A+A \cdot B=A$	$A \cdot (A+B)=A$
重叠律	$A+A=A$	$A \cdot A=A$
反演律（摩根定律）	$\overline{A \cdot B}=\overline{A}+\overline{B}$	$\overline{A+B}=\overline{A} \cdot \overline{B}$
还原律	$\overline{\overline{A}}=A$	

逻辑代数的常用公式有：

例 4-11 　证明等式 $A + \overline{A} \cdot B = A + B$ 成立。

证：$A + \overline{A} \cdot B = (A + \overline{A}) \cdot (A + B) = 1 \cdot (A + B) = A + B$

例 4-12 　证明等式 $A \cdot B + A \cdot \overline{B} = A$ 成立。

证：$A \cdot B + A \cdot \overline{B} = A(B + \overline{B}) = A \cdot 1 = A$

例 4-13 　证明等式 $A \cdot \overline{AB} = A\overline{B}$ 成立。

证：$A \cdot \overline{AB} = A \cdot (\overline{A} + \overline{B}) = A\overline{A} + A\overline{B} = A\overline{B}$

例 4-14 　证明等式 $\overline{A} \cdot \overline{AB} = \overline{A}$ 成立。

证：$\overline{A} \cdot \overline{AB} = \overline{A} \cdot (\overline{A} + \overline{B}) = \overline{A} \cdot \overline{A} + \overline{A} \cdot \overline{B} = \overline{A}(1 + \overline{B}) = \overline{A}$

例 4-15 　证明等式 $AB + \overline{A}C + BC = AB + \overline{A}C$ 成立。

证：$AB + \overline{A}C + BC = AB + \overline{A}C + BC(A + \overline{A})$

$\qquad = AB + \overline{A}C + ABC + \overline{A}BC$

$\qquad = AB + \overline{A}C$

例 4-16 　证明等式 $AB + \overline{A}C + BCD = AB + \overline{A}C$ 成立。

证：$AB + \overline{A}C + BCD = AB + \overline{A}C + BCD(A + \overline{A}) = AB + \overline{A}C$

5 逻辑代数的基本规则

（1）代入规则

代入规则是指任何一个含有变量 A 的等式，如果将所有出现 A 的位置都用同一个逻辑函数代替，则等式仍然成立。

例如，已知等式 $\overline{A \cdot B} = \overline{A} + \overline{B}$，用函数 $Y = AC$ 代替等式中的 A，根据代入规则，等式仍然成立，即有

$$\overline{(AC)B} = \overline{AC} + \overline{B} = \overline{A} + \overline{B} + \overline{C}$$

（2）反演规则

反演规则是指如果将逻辑函数 Y 的表达式中所有的"·"都换成"+"，"+"都换成"·"，"1"都换成"0"，"0"都换成"1"，原变量都换成反变量，反变量都换成原变量，所得到的逻辑函数就是 Y 的反函数。

例 4-17 求逻辑函数 $Y = AB + CD$ 的非。

解：根据反演规则有

$$\overline{Y} = (\overline{A} + \overline{B}) \cdot (\overline{C} + \overline{D})$$

（3）对偶规则

对偶规则是指如果将逻辑函数 Y 的表达式中所有的"·"都换成"+"，"+"都换成"·"，"1"都换成"0"，"0"都换成"1"，所得到的逻辑函数就是 Y 的对偶式，记为 Y'。

例如：$Y = A\overline{B} + C\overline{D}E \quad \Rightarrow Y' = (A + \overline{B})(C + \overline{D} + E)$

$\overline{Y = A + B + \overline{C} + D + \overline{E}} \quad \Rightarrow Y' = A \cdot B \cdot \overline{C} \cdot D \cdot \overline{E}$

如果两个函数相等，则它们的对偶函数也相等。

例如：$A \cdot B + A \cdot \overline{B} = A \quad \Rightarrow (A + \overline{B}) \cdot (A + B) = A$

相关知识4 逻辑函数的表示方法

学习目标

①熟悉逻辑函数的各种表示方法。

②能够掌握各种表示方法的相互转换。

逻辑函数描述了某种逻辑关系，常用表示方法有：真值表、逻辑表达式和逻辑电路图等，各种方法之间可以相互转换。

1 真值表

真值表是采用一种表格来表示逻辑函数的运算关系，其中输入部分列出输入逻辑变量所有可能取值的组合，输出部分根据逻辑函数得到相应的输出逻辑变量值。表 4-4 所表示的是两个输入变量的或逻辑真值表。

2 逻辑表达式

表示输出函数和输入变量逻辑关系的表达式称为逻辑表达式，简称逻辑式。例如，或逻辑的

表达式为 $Y=A+B$。

3　逻辑电路图

逻辑电路图是用各种门电路逻辑符号组成对应于某一逻辑功能的电路图,是将逻辑关系与电路相结合的最简明的形式,如图4-18所示。

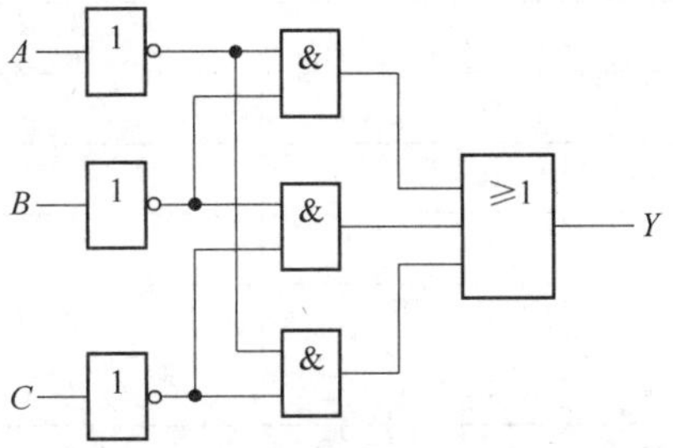

图4-18　逻辑电路图

4　各种表示方法之间的相互转换

(1)由真值表写出逻辑表达式

具体步骤如下:

①找出真值表中使逻辑函数为"1"(即 Y 为"1")的输入变量的组合;

②对应每个输出为"1"变量组合关系为"与"的关系,即乘积项,其中变量值为"1"的写原变量,变量值为"0"的写反变量(取非);

③将这些乘积项相加,即得到输出 Y 的逻辑表达式。

例4-18　已知函数真值表如表4-13所示,试写出它的逻辑表达式。

表4-13　函数真值表

A	B	C	Y
0	0	0	0
0	0	1	0
0	1	0	0
0	1	1	0
1	0	0	0
1	0	1	1
1	1	0	1
1	1	1	1

解:由真值表可见,只有当 A 为1, B 、 C 中有一个为1时, Y 才为1。因此,由真值表写出逻辑表达式为

$$Y = A\overline{B}C + AB\overline{C} + ABC$$

(2)由逻辑表达式列出真值表

首先列出表格,将输入变量的所有取值组合列出,根据逻辑代数的原则计算,将结果填写在输出变量表中。

例4-19　写出逻辑函数 $Y = A\overline{B} + \overline{C}$ 的真值表。

解:函数真值表如表4-14所示。

表 4-14 函数真值表

A	B	C	Y
0	0	0	1
0	0	1	0
0	1	0	1
0	1	1	0
1	0	0	1
1	0	1	1
1	1	0	1
1	1	1	0

（3）由逻辑表达式画出逻辑电路图

用逻辑符号代替逻辑表达式中的逻辑关系，即可得到所求的逻辑电路图。

例 4-20 画出逻辑函数 $Y = \overline{\overline{AB + \overline{C}} + \overline{A\overline{C}}} + B$ 的逻辑电路图。

解：其逻辑电路图如图 4-19 所示。

（4）由逻辑电路图写出逻辑表达式

根据逻辑门的输入/输出关系，写出逐级的逻辑表达式，最后得到整个逻辑电路图的输入/输出关系，写出输出的逻辑表达式

例 4-21 已知逻辑电路图如图 4-20 所示，试写出输出端的逻辑表达式，并写出真值表。

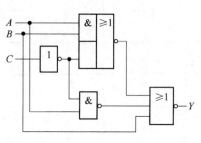

图 4-19 逻辑电路图

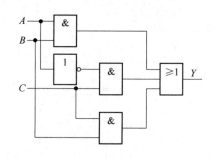

图 4-20 逻辑电路图

解：输出逻辑表达式为 $Y = AB + \overline{A}C + BC$，真值表见表 4-15。

表 4-15 真 值 表

A	B	C	Y
0	0	0	0
0	0	1	1
0	1	0	0
0	1	1	1
1	0	0	0
1	0	1	0
1	1	0	1
1	1	1	1

相关知识 5　逻辑函数的化简

学习目标

①了解函数化简的意义。

②掌握逻辑函数的化简方法。

1　函数化简的意义

一个逻辑函数有多种不同形式的逻辑表达式,虽然描述的逻辑功能相同,但电路实现的复杂性和成本是不同的。逻辑表达式越简单,实现的电路越简单可靠,且成本低。因此,在设计电路时必须将逻辑函数进行化简。逻辑函数的化简方法很多,主要有代数法化简(公式法)和卡诺图法化简。

2　代数法化简

代数法化简就是利用逻辑代数的定理、公式和运算规则,将逻辑函数进行简化。常用的方法有:吸收法、消去法、并项法、配项法等。

(1)吸收法

利用公式: $A+AB=A$,吸收多余的与项进行化简。

例 4-22　化简 $Y = \bar{A} + \bar{A}BC + \bar{A}BD + \bar{A}E$ 。

解: $Y = \bar{A} \cdot (1 + BC + BD + E) = \bar{A}$

(2)消去法

利用公式: $A + \bar{A}B = A + B$,消去与项中多余的因子进行化简。

例 4-23　化简 $Y = A + \bar{A}B + \bar{B}C + \bar{C}D$ 。

解: $Y = A + B + \bar{B}C + \bar{C}D = A + B + C + \bar{C}D = A + B + C + D$

(3)并项法

利用公式: $A+\bar{A}=1$,把两项并成一项进行化简。

例 4-24　化简 $Y = A\bar{B} + \bar{A}\,\bar{B} + ACD + \bar{A}CD$ 。

解: $Y = (A + \bar{A})\bar{B} + (A + \bar{A})CD$

$\qquad = \bar{B} + CD$

(4)配项法

利用公式: $A + \bar{A} = 1$,把一个与项变成两项再和其他项合并进行化简。

例 4-25　化简 $Y = \bar{A}B + \bar{B}C + B\bar{C} + A\bar{B}$ 。

解: $Y = \bar{A}B \cdot (C + \bar{C}) + \bar{B}C \cdot (A + \bar{A}) + B\bar{C} + A\bar{B}$

$\qquad = \bar{A}BC + \bar{A}B\bar{C} + A\bar{B}C + \bar{A}\,\bar{B}C + B\bar{C} + A\bar{B}$

$\qquad = A\bar{B} \cdot (C + 1) + \bar{A}C \cdot (B + \bar{B}) + B\bar{C} \cdot (\bar{A} + 1)$

$\qquad = A\bar{B} + \bar{A}C + B\bar{C}$

有时对逻辑函数的表达式进行化简,可以几种方法并用,综合考虑。

例 4-26 化简 $Y = \overline{A}BC + AB\overline{C} + A\overline{B}C + ABC$。

解：$Y = \overline{A}BC + ABC + AB\overline{C} + ABC + A\overline{B}C + ABC$

$= AB \cdot (C + \overline{C}) + AC \cdot (B + \overline{B}) + BC \cdot (A + \overline{A})$

$= AB + AC + BC$

在这个例子中就使用了配项法和并项法两种方法。

3 卡诺图

代数法化简逻辑函数不直观,且要熟练掌握逻辑代数的公式以及化简技巧,而卡诺图法化简能克服代数法化简的不足,可以直观地给出化简的结果,需要用卡诺图表示逻辑函数,卡诺图是最小项的方格图。

(1) 最小项定义

如果具有 n 个变量即有 2^n 个最小项。逻辑函数的乘积项中包含全部 n 个变量,每个变量在该乘积项中以原变量或反变量的形式出现且仅出现一次,则该乘积项定义为该逻辑函数的最小项。

对两个变量 A、B 来说,可以构成四个最小项:$\overline{A}\,\overline{B}$、$\overline{A}B$、$A\,\overline{B}$、$AB$;对三个变量 A、B、C 来说,可以构成八个最小项:$\overline{A}\,\overline{B}\,\overline{C}$、$\overline{A}\,\overline{B}C$、$\overline{A}B\,\overline{C}$、$\overline{A}BC$、$A\,\overline{B}\,\overline{C}$、$A\,\overline{B}C$、$AB\,\overline{C}$、$ABC$,以此类推。

为了叙述和书写方便,最小项通常用符号 m_i 表示,i 是最小项的编号,是一个十进制数。确定 i 的方法是:首先将最小项中的变量按顺序 A、B、$C\cdots$ 排列好,然后将最小项中的原变量用 1 表示,反变量用 0 表示,这时最小项表示的二进制数对应的十进制数就是该最小项的编号。例如,对三变量的最小项来说,ABC 的编号是 7,符号用 m_7 表示;$A\,\overline{B}C$ 的编号是 5,符号用 m_5 表示,见表 4-16。

表 4-16　三变量最小项表

十进制数	A	B	C	最小项	m_i
0	0	0	0	$\overline{A}\,\overline{B}\,\overline{C}$	m_0
1	0	0	1	$\overline{A}\,\overline{B}C$	m_1
2	0	1	0	$\overline{A}B\overline{C}$	m_2
3	0	1	1	$\overline{A}BC$	m_3
4	1	0	0	$A\overline{B}\,\overline{C}$	m_4
5	1	0	1	$A\overline{B}C$	m_5
6	1	1	0	$AB\overline{C}$	m_6
7	1	1	1	ABC	m_7

(2) 最小项表达式

如果一个逻辑函数的表达式是由最小项构成的与式,则这种表达式称为逻辑函数的最小项表达式,又称标准与式。最小项表达式可以采用简写的方式,例如:

$$Y(A, B, C) = \overline{A}B\overline{C} + A\overline{B}C + ABC$$

$$= m_2 + m_5 + m_7$$

$$= \sum m(2, 5, 7)$$

写出一个逻辑函数的最小项表达式最简单的方法是先给出逻辑函数的真值表,将真值表中逻辑函数取值为 1 的各个最小项相或就可以了。

例 4-27 已知三变量逻辑函数 $Y = AB + BC + AC$,写出 Y 的最小项表达式。

解:先列出 Y 的真值表,如表 4-17 所示,将表中能使 Y 为 1 的最小项相或可得

$$Y = \overline{A}BC + A\overline{B}C + AB\overline{C} + ABC$$

$$= \sum m(3,5,6,7)$$

表 4-17　$Y=AB+BC+AC$ 真值表

A	B	C	Y	最小项
0	0	0	0	m_0
0	0	1	0	m_1
0	1	0	0	m_2
0	1	1	1	m_3
1	0	0	0	m_4
1	0	1	1	m_5
1	1	0	1	m_6
1	1	1	1	m_7

（3）卡诺图的画法

将最小项按相邻性排列成矩阵,就构成了卡诺图。其实质是将逻辑函数的最小项之和以图形的方式表示出来。最小项的相邻性就是它们中变量只有一个是不同的。

二变量、三变量以及四变量的卡诺图如图 4-21、图 4-22 和图 4-23 所示。

 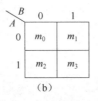

图 4-21　二变量的卡诺图

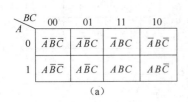 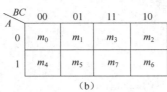

图 4-22　三变量的卡诺图　　　　图 4-23　四变量的卡诺图

（4）卡诺图表达逻辑函数

任何一个逻辑函数都可以用最小项表达式来表达,而卡诺图中的最小项是由小方格代表的,所以用卡诺图来表示逻辑函数的方法是:将逻辑函数包含的最小项,在卡诺图中相应的小方格中填 1,其余小方格填 0 或不填,所得即为逻辑函数的卡诺图。

例 4-28　用卡诺图表示三变量逻辑函数 $Y = \overline{A}\,\overline{C} + A\overline{B} + AC$。

解：首先根据逻辑表达式展开为最小项之和的形式，与项 $\overline{A}\,\overline{C}$ 对应的最小项是 $\overline{A}B\overline{C}$ 和 $\overline{A}\,\overline{B}\,\overline{C}$，与项 $\overline{A}B$ 对应的最小项是 $\overline{A}BC$ 和 $\overline{A}B\overline{C}$，与项 AC 对应的最小项是 ABC 和 $A\overline{B}C$，即

$$Y = \overline{A}B\overline{C} + \overline{A}\,\overline{B}\,\overline{C} + \overline{A}BC + A\overline{B}\,\overline{C} + ABC + A\overline{B}C$$

$$= \overline{A}B\overline{C} + \overline{A}\,\overline{B}\,\overline{C} + \overline{A}BC + A\overline{B}\,\overline{C} + ABC$$

逻辑函数 Y 的卡诺图如图 4-24 所示。

（5）卡诺图的特点

①相邻小方格和轴对称小方格中的最小项只有一个因子不同，这种最小项称为逻辑相邻最小项。

②合并 2^k 个逻辑相邻最小项，可以消去 k 个逻辑变量。

A \ BC	00	01	11	10
0	1	0	0	1
1	1	1	1	0

图 4-24　逻辑函数 Y 的卡诺图

4　卡诺图法化简

用卡诺图表示出逻辑函数后，化简可分成两步进行：第一步是将填 1 的逻辑相邻小方格圈起来，称为卡诺圈；第二步是合并卡诺圈内那些填 1 的逻辑相邻小方格代表的最小项，并写出最简的逻辑表达式。

①两个相邻的小方格可以合并成为一项，消去互为反变量的变量，如图 4-25 所示。一行中最左边和最右边的小方格是逻辑相邻的。

②四个相邻的小方格可以合并成为一项，消去两个互为反变量的变量，如图 4-26 所示。一行中最左边和最右边的小方格是逻辑相邻的，四个角也是相邻的。

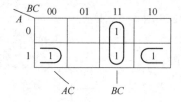

图 4-25　两个相邻最小项合并

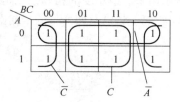

图 4-26　四个相邻最小项的合并

③八个相邻的小方格可以合并成为一项，消去三个互为反变量的变量，如图 4-27 所示。一列中最左边和最右边的小方格是逻辑相邻的，一列中最上面和最下面的小方格也是相邻的。

④用卡诺图法化简逻辑函数的步骤：

a. 将函数化为最小项之和的形式。

b. 画出表示该逻辑函数的卡诺图。

c. 找出可以合并的最小项。

⑤选取化简后的乘积项。选取的原则是：

a. 乘积项应包含函数式中所有的最小项（应覆盖卡诺图中所有的 1）。

b. 用的乘积项数目最少，即可合并的最小项组成的矩形组数目最少。

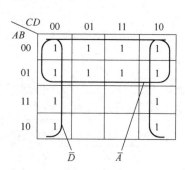

图 4-27　八个相邻最小项的合并

c. 每个乘积项包含的因子最少，即每个可合并的最小项矩形组中应包含尽量多的最小项。

例 4-29　化简四变量逻辑函数 $Y = \overline{A}\,\overline{B}C + A\overline{B}C + B\overline{C}\,\overline{D} + ABC$ 为最简与或表达式。

解: 首先根据逻辑表达式画卡诺图,如图 4-28 所示,根据卡诺图可写出最简表达式:

$$Y = AC + \overline{B}C + B\overline{C}\,\overline{D}$$

⑥包含无关项的逻辑函数的化简。对一个逻辑函数来说,如果针对逻辑变量的每一组取值,逻辑函数都有一个确定的值相对应,则这类逻辑函数称为完全描述逻辑函数。但是,从某些实际问题归纳出的逻辑函数,输入变量的某些取值对应的最小项不会出现或不允许出现,也就是说,这些输入变量之间存在一定的约束条件。那么,这些不会出现或不允许出现的最小项称为约束项,其值恒为 0。还有一些最小项,无论取值 0 还是取值 1,对

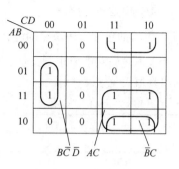

图 4-28 Y 的卡诺图

逻辑函数代表的功能都不会产生影响。那么,这些取值任意的最小项称为任意项。约束项和任意项统称无关项,在逻辑表达式中用 $\sum d(\cdots)$ 表示,在卡诺图中用 "×" 表示,化简时既可代表 0,也可代表 1。

在化简包含无关项的逻辑函数时,由于无关项可以加进去,也可以去掉,都不会对逻辑函数的功能产生影响,因此利用无关项就可能进一步化简逻辑函数。

例 4-30 化简三变量逻辑函数 $Y = \sum m(0,2,3) + \sum d(1,5)$ 为最简与或表达式。

解: 首先根据逻辑表达式画出卡诺图,如图 4-29 所示。

如果按不包含无关项化简,最简表达式为

$$Y = \overline{A}B + \overline{A}\,\overline{C}$$

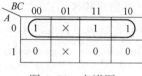

图 4-29 卡诺图

当有选择地加入无关项后,可扩大卡诺圈的范围,使表达式更简练,即

$$Y = \overline{C}$$

相关知识 6 三人表决器的设计

学习目标

①熟悉表决器的设计思路。

②掌握组合逻辑电路的设计方法。

③能够选取合适的门电路。

实例:某大赛海选有三名评委,需设计、制作一个表决器。其要求如下:

①三名评委各有一个表决器的按钮;

②三人中多数人同意,结果才有效;

③用与非门芯片来实现。

组合逻辑电路的设计是分析的逆过程。根据给定的逻辑功能要求,得出实现要求的最简逻辑电路,一般步骤如下:

①逻辑抽象,根据实际要求列出真值表;

②根据真值表写出与或逻辑表达式;

③化简逻辑表达式;

④画出逻辑电路图。

1 逻辑抽象三人表决器的输入/输出

根据逻辑功能要求,假设三名评委分别为 A、B、C,最终判定结果为 Y,认为通过为1,否则为0。列出真值表见表4-18。

表4-18　三人表决器真值表

输　入			输　出
A	B	C	Y
0	0	0	0
0	0	1	0
0	1	0	0
0	1	1	1
1	0	0	0
1	0	1	1
1	1	0	1
1	1	1	1

2 写出逻辑表达式

将真值表中输出 Y 为1,所对应的 A、B、C 取值组合的输入变量乘积项相加,得到 Y 的表达式,即

$$Y = \overline{A}BC + A\overline{B}C + AB\overline{C} + ABC$$

3 化简表达式

$$Y = BC + AC + AB$$

4 根据逻辑表达式画出逻辑电路图(见图4-30)

*若受条件限制(只有二端输入与门或与非门),怎样实现?
利用公式可得

$$Y = AB + AC + BC = \overline{\overline{AB + AC + BC}} = \overline{\overline{AB} \cdot \overline{AC} \cdot \overline{BC}} = \overline{(\overline{AB} \cdot \overline{AC}) \cdot \overline{BC}}$$

电路只用了双输入与非门实现,双输入与非门 74LS00 引脚图见图4-15,所以用 74LS00 实现的三人表决器的逻辑电路图如图4-31 所示。

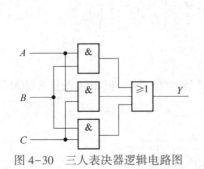

图4-30　三人表决器逻辑电路图　　　　图4-31　用74LS00实现的三人表决器的逻辑电路图

实践训练 TTL集成门电路功能测试及其应用

1 实践目标

①掌握 TTL 集成门电路功能和主要参数的测试方法。

②掌握 TTL 器件的使用规则。

③进一步熟悉数字电路实验装置的结构、基本功能和使用方法。

2 内容与步骤

TTL 集成门电路输入/输出性质：当输入端为高电平时，输入电流是反向二极管的漏电流，电流极小。其方向是从外部流入输入端。

（1）测试双输入与非门电路的逻辑功能（双输入与非门 74LS00 引脚排列见图 4-15）

①给与非门电路提供 5 V 电源。

②从电平输出实验板上给与非门 A、B 端输入电平，把输出端 Y 接到输出电平显示板上，分别给 A、B 输入高低电平，观察输出电平并记录在表 4-19 中。（红色 LED 发光表示高电平 1，不发光表示低电平 0。）

表 4-19 电平变化表

输 入		输 出
A	B	Y
0	0	
0	1	
1	0	
1	1	

（2）测试非门电路的逻辑功能（非门 74LS04 引脚排列见图 4-32）

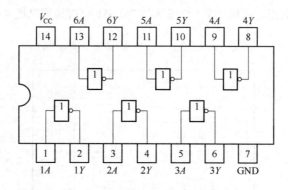

图 4-32 非门 74LS04 引脚排列

①给非门电路提供 5 V 电源。

②从电平输出实验板输出端子上给非门输入端输入电平，把输出端接到输出电平显示板上，观察输出电平并记录在表 4-20 中。

表 4-20　电平变化表

输　入	输　出
A	Y
0	
1	

（3）测试或门电路的逻辑功能（两输入或门 74LS32 引脚排列见图 4-33）

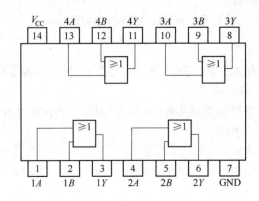

图 4-33　74LS32 引脚排列

①给或门电路提供 5 V 电源。

②从电平输出实验板上给或门 A、B 端输入电平，把输出端 Y 接到输出电平显示板上，分别给 A、B 输入高低电平，观察输出电平并记录在表 4-21 中。

表 4-21　电平变化表

输　入		输　出
A	B	Y
0	0	
0	1	
1	0	
1	1	

（4）测试与或非门电路的逻辑功能（与或非门 74LS51 引脚排列见图 4-34）

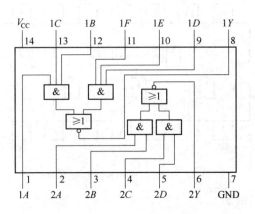

图 4-34　74LS51 引脚

①给与或非门电路提供 5 V 电源。

②从输出电平实验板上给与或非门 A_2（2引脚）、B_2（3引脚）、C_2（4引脚）、D_2（5引脚）端输入电平,把输出端 Y 接到输出电平显示板上,分别给 A、B、C、D 输入高低电平,观察输出电平并记录在表4-22中。

表4-22 电平变化表

输 入				输 出
A	B	C	D	Y
0	0	0	0	
0	0	0	1	
0	0	1	0	
0	0	1	1	
0	1	0	0	
0	1	0	1	
0	1	1	0	
0	1	1	1	
1	0	0	0	
1	0	0	1	
1	0	1	0	
1	0	1	1	
1	1	0	0	
1	1	0	1	
1	1	1	0	
1	1	1	1	

(5)用与非门设计一个三人表决电路(多数赞成通过)

①按任务要求,列真值表,并填入表4-23中。

表4-23 电平变化表

输 入			输 出
A	B	C	Y
0	0	0	
0	0	1	
0	1	0	
0	1	1	
1	0	0	
1	0	1	
1	1	0	
1	1	1	

②画出与非门构成的三人表决电路,按图连接电路。

(实践过程)

学生_____成绩_____

日期_____教师_____

项目 **5**  一位十进制编码、译码显示电路的设计

项目 4 介绍了三人表决器的简单逻辑电路的设计。本项目主要介绍了几种常见的组合逻辑电路模块：加法器、编码器、译码器、比较器、数据选择器和数据分配器等集成部件。

💻 **兴趣导入**

谍战剧中的情报的编码和译码是不是觉得很酷？数字电路中也有这样的元器件，能够实现"0"和"1"的编码、译码及显示等功能，它们代表了不同的信息，快来一起学习吧！

相关知识1 组合逻辑电路的分析与设计

⚙ **学习目标**

①熟悉组合逻辑电路的分析方法。
②能够设计简单逻辑电路。

1 组合逻辑电路的分析

组合逻辑电路的分析，是已知逻辑电路的结构，分析、确定它的逻辑功能。一般遵循以下步骤：
①根据给定的逻辑电路图，写出输出与输入间的逻辑表达式；
②化简逻辑表达式；
③列出真值表；
④分析电路的逻辑功能。
以上组合逻辑电路的分析步骤如图 5-1 所示。

图 5-1 组合逻辑电路的分析步骤

例 5-1 已知逻辑电路图如图 5-2 所示，试分析其逻辑功能。

解：①写出逻辑表达式 $Y = A\overline{B} + \overline{A}B$。
②化简逻辑表达式。因为已是最简，此步跳过。
③列真值表，见表 5-1。
④分析电路的逻辑功能。从真值表可以看出，输入相同时输出为 0，输入不同（相异）时输出为 1，实现的是异或功能。

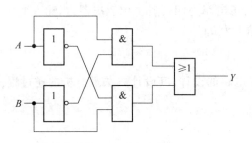

图 5-2　逻辑电路图

表 5-1　真　值　表

A	B	Y
0	0	0
0	1	1
1	0	1
1	1	0

例 5-2　分析图 5-3 所示组合逻辑电路的功能。

解：①写出逻辑表达式 $Y = \overline{\overline{ABC} \cdot \overline{ABD} \cdot \overline{ACD} \cdot \overline{BCD}}$。

从上面的逻辑表达式中，不能立刻看出电路的逻辑功能，因此需要列出真值表。

②列真值表。由逻辑表达式列真值表，见表 5-2。

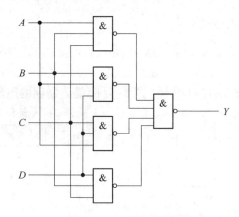

图 5-3　逻辑电路图

表 5-2　真　值　表

A	B	C	D	Y
0	0	0	0	0
0	0	0	1	0
0	0	1	0	0
0	0	1	1	0
0	1	0	0	0
0	1	0	1	0
0	1	1	0	0
0	1	1	1	1
1	0	0	0	0
1	0	0	1	0
1	0	1	0	0
1	0	1	1	1
1	1	0	0	0
1	1	0	1	1
1	1	1	0	1
1	1	1	1	1

③分析电路的逻辑功能。从真值表中可以看出,该电路为四变量多数表决器,当输入变量 A、B、C、D 有三个或三个以上为 1 时,输出为 1;否则,输出为 0。

2 简单组合逻辑电路的设计

项目四中三人表决器就是一种简单的组合逻辑电路的设计,其设计方法是分析的逆过程,是根据逻辑功能,设计逻辑电路图,主要步骤如下:

①根据要求列真值表;

②根据真值表写出与或逻辑表达式;

③化简表达式;

④画出逻辑电路图。

例 5-3 设计一个一位二进制半加器。

二进制半加器是实现两个同权位二进制数相加而不考虑低位来的进位的逻辑电路。设被加数和加数分别为 A、B,本位的和为 S,进位为 C。

解:①列真值表,见表 5-3。

②根据真值表写出逻辑表达式:

$$S = \overline{A}B + A\overline{B} = A \oplus B$$
$$C = AB$$

③画出逻辑电路图,如图 5-4(a)所示。图 5-4(b)是半加器的图形符号。

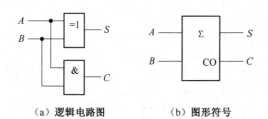

（a）逻辑电路图　　（b）图形符号

图 5-4　半加器的逻辑电路图及图形符号

表 5-3　真　值　表

A	B	S	C
0	0	0	0
0	1	1	0
1	0	1	0
1	1	0	1

例 5-4 设计一个一位二进制全加器。要求:①用最少门电路实现;②用与非门实现。

二进制全加器是实现两个同权位二进制数及低位来的进位三者相加的逻辑电路。设被加数、加数和低位的进位分别为 A_i、B_i、C_{i-1},本位的和为 S_i,进位为 C_i。

解:①列真值表,见表 5-4。

②根据真值表写出逻辑表达式

$$S_i = \overline{A_i}\,\overline{B_i}C_{i-1} + \overline{A_i}B_i\,\overline{C_{i-1}} + A_i\,\overline{B_i}\,\overline{C_{i-1}} + A_iB_iC_{i-1} = A_i \oplus B_i \oplus C_{i-1}$$
$$C_i = \overline{A_i}B_iC_{i-1} + A_i\,\overline{B_i}C_{i-1} + A_iB_i\,\overline{C_{i-1}} + A_iB_iC_{i-1} = (A_i \oplus B_i)C_{i-1} + A_iB_i$$

③根据逻辑表达式画出逻辑电路图如图 5-5(a)所示,图 5-5(b) 是全加器的图形符号。

④用卡诺图化简变换逻辑表达式。根据真值表画出全加器卡诺图如图 5-6 所示。得出化简后表达式为

$$S_i = \overline{A_i}\,\overline{B_i}C_{i-1} + \overline{A_i}B_i\,\overline{C_{i-1}} + A_i\,\overline{B_i}\,\overline{C_{i-1}} + A_iB_iC_{i-1} = \overline{\overline{\overline{A_i}\,\overline{B_i}C_{i-1}} \cdot \overline{\overline{A_i}B_i\overline{C_{i-1}}} \cdot \overline{A_i\,\overline{B_i}\,\overline{C_{i-1}}} \cdot \overline{A_iB_iC_{i-1}}}$$

$$S_i = A_iB_i + B_iC_{i-1} + A_iC_{i-1} = \overline{\overline{A_iB_i} \cdot \overline{B_iC_{i-1}} \cdot \overline{A_iC_{i-1}}}$$

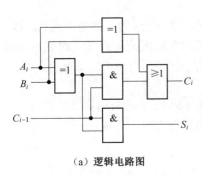

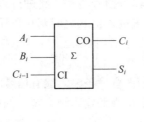

表 5-4　真　值　表

A_i	B_i	C_{i-1}	S_i	C_i
0	0	0	0	0
0	0	1	1	0
0	1	0	1	0
0	1	1	0	1
1	0	0	1	0
1	0	1	0	1
1	1	0	0	1
1	1	1	1	1

（a）逻辑电路图　　　　（b）图形符号

图 5-5　全加器的逻辑电路图及图形符号

根据表达式画出与非门构成的全加器逻辑电路图如图 5-7 所示。

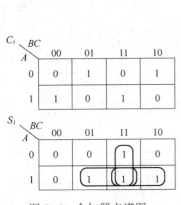

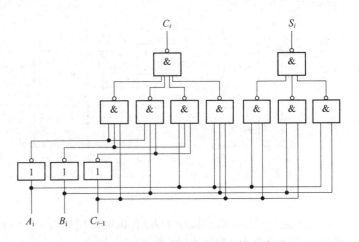

图 5-6　全加器卡诺图　　　　图 5-7　与非门构成的全加器逻辑电路图

相关知识2　编　码　器

学习目标

① 了解编码器的工作原理。

② 能够设计简单的编码器。

在数字电路中，将信息变换成二进制代码的过程称为编码。实现编码功能的组合逻辑电路称为编码器。例如，计算机的输入键盘功能，就是由编码器组成的，每按下一个键，计算机就将该按键的含义（控制信息）转换成一个计算机能够识别的二进制数，用它去控制机器的操作。按照不同的需要，编码器有二进制编码器、二-十进制编码器；编码器按输入是否互斥又分为普通编码器和优先编码器。

1　二进制编码器

一位二进制数可表示两个相反的信号 0 和 1，两位二进制数可以有 00，01，10，11，以此类推，n 位二进制数可以表示 2^n 个信号。即用 n 位二进制代码表示 $N=2^n$ 个信号的编码电路，称为二进制编码器。因此二进制编码器是一种有 2^n 条输入线，n 条输出线的组合逻辑电路。如 4 线-2 线、8 线-3

线、16线-4线等。

例5-5 设计一个对四路二值输入信号的每一路进行编码的4线-2线的二进制普通编码器。

解:①分析题意,普通编码器要求输入信号之间互相排斥,即四条输入信号在任一时刻只能有一个输入端的电位为有效电位。现分别用 X_0、X_1、$\cdots$、X_3 表示输入信号,分别用 Y_0、Y_1 表示输出信号。

②列出真值表(见表5-5),对于任意一条输入线有信号时用1表示,无信号时用0表示。

③根据真值表写出表达式(将未出现的输入组合视为约束项进行化简),可得

$$Y_1 = X_2 + X_3 = \overline{\overline{X_2} \cdot \overline{X_3}}$$

$$Y_0 = X_1 + X_3 = \overline{\overline{X_1} \cdot \overline{X_3}}$$

④根据表达式画出逻辑电路图如图5-8所示,其中图5-8(a)所示为用或门实现,图5-8(b)所示为用与非门实现。

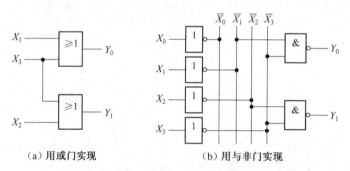

（a）用或门实现　（b）用与非门实现

图5-8　4线-2线普通编码器逻辑电路图

表5-5　真值表

输入				输出	
X_3	X_2	X_1	X_0	Y_1	Y_0
0	0	0	1	0	0
0	0	1	0	0	1
0	1	0	0	1	0
1	0	0	0	1	1

输入或输出信号既可以用1表示,也可以用0表示。本例中是用1(高电平)表示有信号。一些集成组件采用的是用0(低电平)表示有信号。

二进制编码器有现成的集成组件。图5-9(a)为8线-3线优先编码器74LS148的引脚图,它有八个输入端($I_0 \sim I_7$)和一个输入使能控制端 E_i;三个输出端(L_0、L_1、L_2,反码输出),输入低电平有效,优先级别为输入 I_7 为最高,I_0 为最低的顺序。此外,还设置了输出使能控制端 E_o 和优先标志 S。功能表见表5-6。

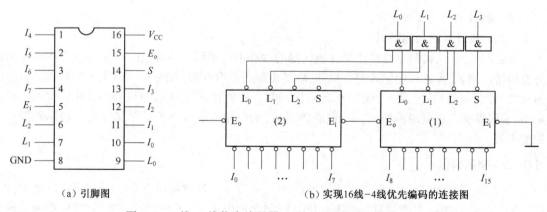

（a）引脚图　（b）实现16线-4线优先编码的连接图

图5-9　8线-3线优先编码器74LS148引脚图及其扩展

表 5-6　74LS148 8 线-3 线优先编码器功能表

输　入									输　出				
E_i	I_0	I_1	I_2	I_3	I_4	I_5	I_6	I_7	L_2	L_1	L_0	S	E_o
1	×	×	×	×	×	×	×	×	1	1	1	1	1
0	1	1	1	1	1	1	1	1	1	1	1	1	0
0	×	×	×	×	×	×	×	0	0	0	0	0	1
0	×	×	×	×	×	×	0	1	0	0	1	0	1
0	×	×	×	×	×	0	1	1	0	1	0	0	1
0	×	×	×	×	0	1	1	1	0	1	1	0	1
0	×	×	×	0	1	1	1	1	1	0	0	0	1
0	×	×	0	1	1	1	1	1	1	0	1	0	1
0	×	0	1	1	1	1	1	1	1	1	0	0	1
0	0	1	1	1	1	1	1	1	1	1	1	0	1

功能表中的符号"×"表示任意项。

该功能表有如下特点：

①E_i 输入使能端。$E_i = 0$ 时，允许编码；$E_i = 1$，禁止编码，此时所有输出端均为 1。编码器处于不工作状态。

②E_o 输出使能端。它受 E_i 控制，当 $E_i = 1$ 时，$E_o = 1$；当 $E_i = 0$ 时，存在两种情况：若输入端 $I_0 \sim I_7$ 有输入信号（即有 0 时），$E_o = 1$，表示本级工作；而输入端 $I_0 \sim I_7$ 无输入信号（即全 1 时），$E_o = 0$，表示本级不工作。

③S 优先标志。在允许编码（$E_i = 0$）且有输入信号时，$S = 0$。

E_i、E_o、S 为该编码器扩展提供了方便。

例 5-6　用两片 8 线-3 线 74LS148 构成一个 16 线-4 线优先编码器。

解：当优先级别高的片(1)有信号输入 $I_{15} \sim I_8$ 时，$S_1 = 0$；而无信号输入时，$S_1 = 1$，正好可作为输出编码的第四位（L_3）。片(1)的输出使能端 E_{o1} 作为片(2)的输入使能端 E_{i2}，只要片(1)工作，则优先级别低的片(2)就禁止工作；否则 $E_{i2} = 0$，片(2)就允许编码。由于两片不同时工作，故编码输出的低三位采用与的关系得到，如图 5-9(b)所示。

2　二-十进制编码器（BCD 编码器）

二进制虽然适用于数字电路，但是人们习惯使用的是十进制，因此，在计算机和其他数控装置中输入和输出数据时，要进行十进制数与二进制数的相互转换。为了便于人机对话，一般是将准备输入的十进制数的每一位都用一个四位的二进制数来表示。四位二进制数 0000 ~ 1001 分别表示十进制数码 0~9。

例 5-7　设计一个普通 8421 BCD 码编码器。

解：①分析题意，这是一个由 10 线到 4 线的编码器，设输入变量 $X_0 \sim X_9$ 分别代表十进制数 0~9，1 表示有信号，0 表示无信号。用 $Y_3 Y_2 Y_1 Y_0$ 作为输出，表示 8421 BCD 码。

②列出真值表，见表 5-7。

表 5-7 真 值 表

输 入										输 出			
X_0	X_1	X_2	X_3	X_4	X_5	X_6	X_7	X_8	X_9	Y_3	Y_2	Y_1	Y_0
1	0	0	0	0	0	0	0	0	0	0	0	0	0
0	**1**	0	0	0	0	0	0	0	0	0	0	0	1
0	0	**1**	0	0	0	0	0	0	0	0	0	1	0
0	0	0	**1**	0	0	0	0	0	0	0	0	1	1
0	0	0	0	**1**	0	0	0	0	0	0	1	0	0
0	0	0	0	0	**1**	0	0	0	0	0	1	0	1
0	0	0	0	0	0	**1**	0	0	0	0	1	1	0
0	0	0	0	0	0	0	**1**	0	0	0	1	1	1
0	0	0	0	0	0	0	0	**1**	0	1	0	0	0
0	0	0	0	0	0	0	0	0	**1**	1	0	0	1

③由真值表写出逻辑表达式：

$$Y_3 = X_8 + X_9 = \overline{\overline{X_8} \cdot \overline{X_9}}$$

$$Y_2 = X_4 + X_5 + X_6 + X_7 = \overline{\overline{X_4} \cdot \overline{X_5} \cdot \overline{X_6} \cdot \overline{X_7}}$$

$$Y_1 = X_2 + X_3 + X_6 + X_7 = \overline{\overline{X_2} \cdot \overline{X_3} \cdot \overline{X_6} \cdot \overline{X_7}}$$

$$Y_0 = X_1 + X_3 + X_5 + X_7 + X_9 = \overline{\overline{X_1} \cdot \overline{X_3} \cdot \overline{X_5} \cdot \overline{X_7} \cdot \overline{X_9}}$$

④由逻辑表达式画逻辑电路图，如图 5-10 所示，其中图 5-10（a）所示为用或门实现，图 5-10（b）所示为与非门实现。

从逻辑表达式来看，四个输出都与 X_0 无关，那么 X_0 的编码是怎样实现的呢？当 $X_1 \sim X_9$ 都为 0 时，四个输出全为 0 即为 X_0 的编码，因此 X_0 的编码已经隐含在里面。

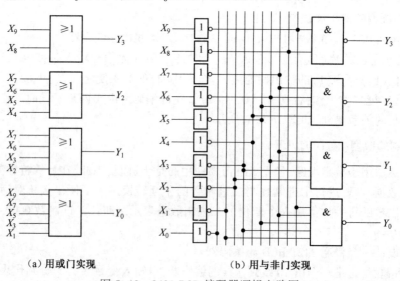

（a）用或门实现　　　　　　　　　　（b）用与非门实现

图 5-10　8421 BCD 编码器逻辑电路图

二-十进制编码器也有集成组件，10 线-4 线常用组件型号有 74LS147、CT1147。

相关知识3 译 码 器

学习目标

①了解译码器的工作原理。

②能够利用译码器设计简单的逻辑电路。

译码是编码的逆过程,是将每个代码的特定含义翻译出来。能够完成译码工作的组合逻辑电路称为译码器。译码器按功能不同可分为通用译码器和数字显示译码器,通用译码器包括二进制译码器、二–十进制译码器等。

1 二进制译码器

二进制译码器是将二进制代码翻译成对应输出通道的电信号的电路,一条输出通道对应一组输入代码。常用的二进制译码器有2线–4线、3线–8线、4线–16线等。

例5-8 设计一个3线–8线二进制译码器。

解:①分析题意,代表三位二进制代码的三个输入用 X_2、X_1、X_0 表示,八根输出线分别用 $Y_0 \sim Y_7$ 表示。

②列出真值表,见表5–8。

③根据真值表写出逻辑表达式:

$$Y_0 = \overline{X_2}\,\overline{X_1}\,\overline{X_0}\ ,\ Y_1 = \overline{X_2}\,\overline{X_1}X_0\ ,\ Y_2 = \overline{X_2}X_1\,\overline{X_0}\ ,\ Y_3 = \overline{X_2}X_1X_0$$

$$Y_4 = X_2\,\overline{X_1}\,\overline{X_0}\ ,\ Y_5 = X_2\,\overline{X_1}X_0\ ,\ Y_6 = X_2X_1\,\overline{X_0}\ ,\ Y_7 = X_2X_1X_0$$

④由逻辑表达式画出逻辑电路图,如图5–11所示。

表5-8 真 值 表

输 入			输 出							
X_2	X_1	X_0	Y_0	Y_1	Y_2	Y_3	Y_4	Y_5	Y_6	Y_7
0	0	0	1	0	0	0	0	0	0	0
0	0	1	0	1	0	0	0	0	0	0
0	1	0	0	0	1	0	0	0	0	0
0	1	1	0	0	0	1	0	0	0	0
1	0	0	0	0	0	0	1	0	0	0
1	0	1	0	0	0	0	0	1	0	0
1	1	0	0	0	0	0	0	0	1	0
1	1	1	0	0	0	0	0	0	0	1

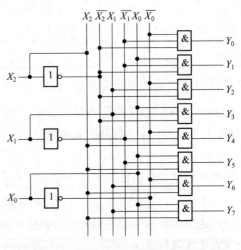

图5-11 3线–8线译码器逻辑电路图

74LS138是3线–8线译码器,其引脚图如图5–12所示,其功能表见表5–9。

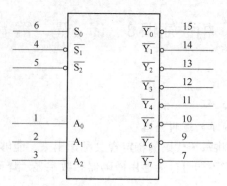

图 5-12　74LS138 引脚图

表 5-9　74LS138 译码器功能表

输　入					输　出							
S_1	$\overline{S_2}+\overline{S_3}$	A_2	A_1	A_0	$\overline{Y_0}$	$\overline{Y_1}$	$\overline{Y_2}$	$\overline{Y_3}$	$\overline{Y_4}$	$\overline{Y_5}$	$\overline{Y_6}$	$\overline{Y_7}$
0	×	×	×	×	1	1	1	1	1	1	1	1
×	1	×	×	×	1	1	1	1	1	1	1	1
1	0	0	0	0	0	1	1	1	1	1	1	1
1	0	0	0	1	1	0	1	1	1	1	1	1
1	0	0	1	0	1	1	0	1	1	1	1	1
1	0	0	1	1	1	1	1	0	1	1	1	1
1	0	1	0	0	1	1	1	1	0	1	1	1
1	0	1	0	1	1	1	1	1	1	0	1	1
1	0	1	1	0	1	1	1	1	1	1	0	1
1	0	1	1	1	1	1	1	1	1	1	1	0

功能表中的符号"×"表示任意项。

例 5-9　用 3 线-8 线译码器 74LS138 和门电路实现逻辑函数 $Y = \overline{A}\,\overline{B}\,\overline{C} + \overline{A}B\overline{C} + ABC$。

解:①列出 74LS138 的输出表达式:

$$\overline{Y} = \overline{m_i}\,(i = 0 \sim 7)$$

②将要求的逻辑函数写成最小项表达式:

$$Y = \overline{A}\,\overline{B}\,\overline{C} + \overline{A}B\overline{C} + ABC = m_0 + m_2 + m_7$$

③将逻辑函数与 74LS138 的输出表达式进行比较,设 $A = A_2$、$B = A_1$、$C = A_0$,同时将逻辑函数的最小项表达式进行变换,可得

$$Y = \overline{\overline{m_0 + m_2 + m_7}} = \overline{\overline{m_0} \cdot \overline{m_2} \cdot \overline{m_7}}$$

即

$$Y = \overline{\overline{m_0} \cdot \overline{m_2} \cdot \overline{m_7}} = \overline{\overline{Y_0} \cdot \overline{Y_2} \cdot \overline{Y_7}}$$

④可用一片 74LS138 再加一个与非门就可实现,其逻辑电路图如图 5-13 所示。

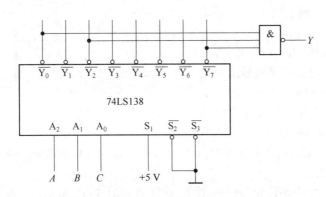

图 5-13　74LS138 译码器实现逻辑函数图

例 5-10　某学校学生参加三门课程(用变量 A、B、C 表示)的考试,根据课程学时不同,三门课程考试及格分别可得 2 分、4 分、5 分,不及格均为 0 分,若总得分大于或等于 7 分,便可结业。试用 3 线-8 线译码器 74LS138 和门电路实现该逻辑功能。

解:①根据题意,进行逻辑抽象。课程及格用"1"表示,不及格用"0"表示;可以结业用"1"表示,不能结业用"0"表示,列真值表见表 5-10。

②根据真值表写出逻辑表达式:

$$Y = \overline{A}BC + A\overline{B}C + ABC = m_3 + m_5 + m_7 = \overline{\overline{m_3 + m_5 + m_7}} = \overline{\overline{m_3} \cdot \overline{m_5} \cdot \overline{m_7}}$$

③画逻辑电路图,令 74LS138 的地址码 $A_2 = A$,$A_1 = B$,$A_0 = C$,$Y = \overline{\overline{m_3} \cdot \overline{m_5} \cdot \overline{m_7}} = \overline{\overline{Y_3} \cdot \overline{Y_5} \cdot \overline{Y_7}}$,用一片 74LS138 再加一个与非门就可实现该函数,其逻辑电路图如图 5-14 所示。

表 5-10　真　值　表

A	B	C	Y
0	0	0	0
0	0	1	0
0	1	0	0
0	1	1	1
1	0	0	0
1	0	1	1
1	1	0	0
1	1	1	1

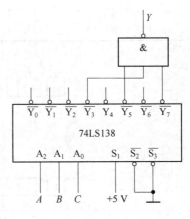

图 5-14　74LS138 译码器实现逻辑电路图

2　显示译码器

将数字、文字和符号的二进制编码翻译并显示对应数字、文字和符号的电路称为显示译码器。常见的数码显示方式有分段式和点阵式。

图 5-15 所示为七段显示译码器的字段排列及编号,它是一种四个输入端,七个输出端的电路,其功能表见表 5-11。字段显示器有由发光二极管(LED)构成的显示器,还有荧光数码管、液晶

显示器（LCD）和等离子显示器等，由 LED 组成的数码管中的发光二极管有共阳极和共阴极两种接法，如图 5-16 所示。

当七段显示译码器输出高电平有效时，采用共阴极接法；当七段显示译码器输出低电平有效时，采用共阳极接法。

由 LED 组成的数码管中的发光二极管常用磷砷化镓、磷化镓、砷化镓等半导体制

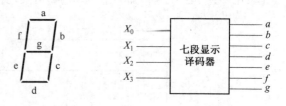

图 5-15　七段显示译码器的字段排列及编号

成 PN 结，当 PN 结外加正向电压而导通时，能辐射发光。发出光线的波长与磷和砷的比例有关，通常能发出红、绿、黄等颜色。

常用芯片 74LS48 的引脚图如图 5-17 所示，功能表如表 5-12 所示。连接线路时输入 X_3、X_2、X_1、X_0 分别对应 A_3、A_2、A_1、A_0，其输出的 a,b,c,d,e,f,g 的变量是反变量输出，使用时请注意。

表 5-11　七段显示译码器功能表

输　入				十进制数	输　出							显示图形
X_3	X_2	X_1	X_0		a	b	c	d	e	f	g	
0	0	0	0	0	1	1	1	1	1	1	0	0
0	0	0	1	1	0	1	1	0	0	0	0	1
0	0	1	0	2	1	1	0	1	1	0	1	2
0	0	1	1	3	1	1	1	1	0	0	1	3
0	1	0	0	4	0	1	1	0	0	1	1	4
0	1	0	1	5	1	0	1	1	0	1	1	5
0	1	1	0	6	1	0	1	1	1	1	1	6
0	1	1	1	7	1	1	1	0	0	0	0	7
1	0	0	0	8	1	1	1	1	1	1	1	8
1	0	0	1	9	1	1	1	1	0	1	1	9

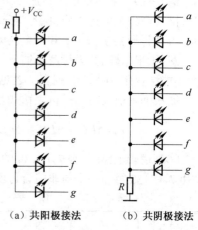

（a）共阳极接法　　（b）共阴极接法

图 5-16　LED 数码管内部电路接法

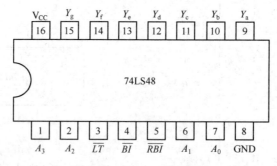

图 5-17　74LS48 的引脚图

表 5-12　74LS48 的功能表

输　入							输　出							显示
$\overline{LT}$	$\overline{RBI}$	$\overline{BI}$	A_3	A_2	A_1	A_0	$\bar{a}$	$\bar{b}$	$\bar{c}$	$\bar{d}$	$\bar{e}$	$\bar{f}$	$\bar{g}$	
0	×	1	×	×	×	×	0	0	0	0	0	0	0	8
×	×	0	×	×	×	×	1	1	1	1	1	1	1	全灭
1	0	0	0	0	0	0	1	1	1	1	1	1	1	灭0

输　　入							输　　出							显示
$\overline{LT}$	$\overline{RBI}$	$\overline{BI}$	A_3	A_2	A_1	A_0	$\bar{a}$	$\bar{b}$	$\bar{c}$	$\bar{d}$	$\bar{e}$	$\bar{f}$	$\bar{g}$	
1	1	1	0	0	0	0	0	0	0	0	0	0	1	0
1	×	1	0	0	0	1	1	0	0	1	1	1	1	1
1	×	1	0	0	1	0	0	0	1	0	0	1	0	2
1	×	1	0	0	1	1	0	0	0	0	1	1	0	3
1	×	1	0	1	0	0	1	0	0	1	1	0	0	4
1	×	1	0	1	0	1	0	1	0	0	1	0	0	5
1	×	1	0	1	1	0	0	1	0	0	0	0	0	6
1	×	1	0	1	1	1	0	0	0	1	1	1	1	7
1	×	1	1	0	0	0	0	0	0	0	0	0	0	8
1	×	1	1	0	0	1	0	0	0	0	1	0	0	9

译码器有现成的集成组件。表 5-13 列出了常用译码器组件型号。

表 5-13   常用译码器组件型号

功　　能	常用译码器组件型号
2 线-4 线译码器(二进制)	74LS139、74LS539、74LS155、CT4139
3 线-8 线译码器(二进制)	54/74LS138、54/74LS548、CT3138、CT4138
4 线-16 线译码器(二进制)	74LS154、CT4514
4 线-10 线译码器(二-十进制)	74LS42、CT1042、CT4042
七段显示译码器	74LS48、74LS49、74LS247、74LS248

相关知识 4   数值比较器

学习目标

① 了解数值比较器的工作原理。

② 能够利用数值比较器设计简单逻辑电路。

对两个数值进行比较的电路称为比较器。

例 5-11   设计一个一位二进制数比较器。

解：① 进行逻辑抽象，设两个一位二进制数分别为 A、B，比较结果为 $Y_1(A>B)$，$Y_2(A<B)$，$Y_3(A=B)$。

② 根据题意，列出真值表见表 5-14。

③ 由真值表写出逻辑表达式：

$$Y_1(A>B) = A\bar{B}$$

$$Y_2(A=B) = AB + \bar{A} \cdot \bar{B} = \overline{A \oplus B}$$

$$Y_3(A<B) = \bar{A}B$$

④由逻辑表达式画出逻辑电路图,如图 5-18 所示。

表 5-14　真　值　表

A	B	$Y_1(A>B)$	$Y_2(A=B)$	$Y_3(A<B)$
0	0	0	1	0
0	1	0	0	1
1	0	1	0	0
1	1	0	1	0

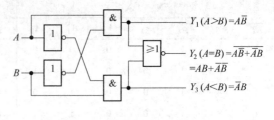

图 5-18　一位数值比较器逻辑电路图

74LS85 是集成的四位数值比较器,它有八个数码输入端:$A_3 \sim A_0$,$B_3 \sim B_0$;三个级联输入端:$(A' > B')$、$(A' < B')$、$(A' = B')$;三个输出端:$(A>B)$、$(A<B)$、$(A=B)$。功能表见表 5-15。

当数码超过四位时,可进行多片级联。图 5-19 所示为用两片 74LS85 构成八位数值比较器的电路接线。将低四位比较器的三个输出端$(A>B)$、$(A<B)$、$(A=B)$分别接至高四位比较器的$(A' > B')$、$(A' < B')$、$(A' = B')$。

表 5-15　74LS85 四位数值比较器功能表

输入(含级联输入)							输　出		
$A_3 B_3$	$A_2 B_2$	$A_1 B_1$	$A_0 B_0$	$(A'>B')$	$(A'<B')$	$(A'=B')$	$(A>B)$	$(A<B)$	$(A=B)$
$A_3 > B_3$	×	×	×	×	×	×	1	0	0
$A_3 < B_3$	×	×	×	×	×	×	0	1	0
$A_3 = B_3$	$A_2 > B_2$	×	×	×	×	×	1	0	0
$A_3 = B_3$	$A_2 < B_2$	×	×	×	×	×	0	1	0
$A_3 = B_3$	$A_2 = B_2$	$A_1 > B_1$	×	×	×	×	1	0	0
$A_3 = B_3$	$A_2 = B_2$	$A_1 < B_1$	×	×	×	×	0	1	0
$A_3 = B_3$	$A_2 = B_2$	$A_1 = B_1$	$A_0 > B_0$	×	×	×	1	0	0
$A_3 = B_3$	$A_2 = B_2$	$A_1 = B_1$	$A_0 < B_0$	×	×	×	0	1	0
$A_3 = B_3$	$A_2 = B_2$	$A_1 = B_1$	$A_0 = B_0$	1	0	0	1	0	0
$A_3 = B_3$	$A_2 = B_2$	$A_1 = B_1$	$A_0 = B_0$	0	1	0	0	1	0
$A_3 = B_3$	$A_2 = B_2$	$A_1 = B_1$	$A_0 = B_0$	0	0	1	0	0	1

例 5-12　试用四位数码比较器构成"四舍五入"电路。

解:"四舍五入"电路选择 4 作为比较基准,当输入信号 $A_3 A_2 A_1 A_0 > 0100$ 时,向高位送出一个进位信号 1;否则为 0。用 74LS85 完成电路设计,电路接线如图 5-20 所示。

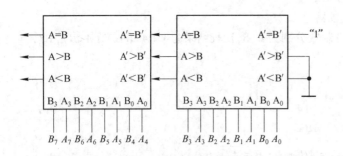

图 5-19　用两片 74LS85 构成八位数值比较器的电路接线

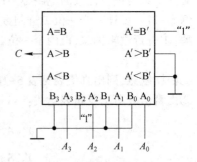

图 5-20　用 74LS85 构成四舍五入电路的电路接线

相关知识 5   数据选择器与分配器

学习目标

①了解数据选择器与分配器的工作原理。

②能够利用数据选择器与分配器设计简单的逻辑电路。

在数字信号的传送过程中,往往是多个数据通道共用一条传输总线来传送息号的。这种能够从多路信号中选择一路传输的电路就称为数据选择器;反之,能够实现把共用传输总线上的信息,有选择地传送到不同的数据输出端的电路称为数据分配器。数据选择器和数据分配器分别位于共用传输总线的两端。其功能类似一个单刀多掷开关。图 5-21 所示为数据传输示意图。

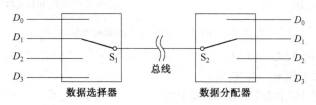

图 5-21   数据传输示意图

1   数据选择器

数据选择器的基本功能是在选择信号(地址码)的控制下,从多个数据输入源中选取所需要的信号。

例 5-13   设计一个四选一数据选择器。

解:①进行逻辑抽象。设四路输入数字信号为 D_0、D_1、D_2、D_3,选择控制(地址)信号为 A_1、A_0,输出为 Y。$A_1A_0=00$ 时,选择 D_0 传输;$A_1A_0=01$ 时,选择 D_1 传输;$A_1A_0=10$ 时,选择 D_2 传输;$A_1A_0=11$ 时,选择 D_3 传输。

②列真值表见表 5-16。

表 5-16   真   值   表

地 址 码		输 出
A_1	A_0	Y
0	0	D_0
0	1	D_1
1	0	D_2
1	1	D_3

③根据真值表写出逻辑表达式:

$$Y = \overline{A_1}\,\overline{A_0}D_0 + \overline{A_1}A_0D_1 + A_1\overline{A_0}D_2 + A_1A_0D_3$$

④由逻辑表达式画出逻辑电路图,如图 5-22 所示。其中,图 5-22(a)所示为用门电路实现,图 5-22(b)所示为用译码器实现。

数据选择器有现成的集成组件。常见的二选一数据选择器有 74LS157、74LS158 等;四选一数

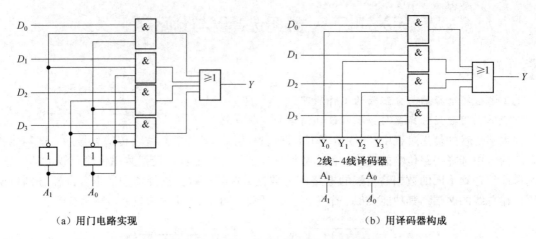

（a）用门电路实现　　　　　　　　　　　　　　（b）用译码器构成

图 5-22　四选一数据选择器逻辑电路图

据选择器有 74LS153、74LS253、74LS353、CC14539 等;八选一数据选择器有 74LS351、74LS151 等;十六选一数据选择器有 74LS150、74850 等。

集成数据选择器在使用时可灵活方便地构成各种实用电路,如采用多片数据选择器可以进行通道扩展;数据选择器还可实现逻辑函数。现分别举例说明其应用。

例 5-14　用两片四选一数据选择器构成八选一数据选择器的电路如图 5-23 所示,已知数据选择器的功能表(见表 5-17)。试分析其工作过程。

解:八选一数据选择器需要三个地址端,电路中将两片四选一数据选择器的地址端并联,作为低位地址端 A_0、A_1,而将它们的使能端 $\overline{E}$ 通过一个非门相接,作为高位地址端 A_2,当 $A_2 = 0$ 时,片(2)禁止,片(1)被选中,输出端可以从片(1)的四个数据通道中依 A_0、A_1 的状态获取数据。当 $A_2 = 1$ 时,片(1)禁止,片(2)被选中,输出端可以从片(2)的四个数据通道中依 A_0、A_1 的状态获取数据。从而实现八选一的功能。

同理,可用两片八选一数据选择器构成十六选一数据选择器;用两片十六选一数据选择器构成三十二选一数据选择器等。

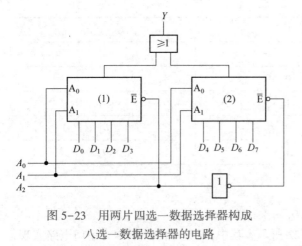

图 5-23　用两片四选一数据选择器构成
八选一数据选择器的电路

表 5-17　四选一数据选择器真值表

使能端	选择端		输出
$\overline{E}$	A_1	A_0	Y
1	×	×	0
0	0	0	D_0
0	0	1	D_1
0	1	0	D_2
0	1	1	D_3

例 5-15　用 2^n 选一的数据选择器可以实现 n 变量的组合电路。图 5-24 所示为利用四选一数

据选择器实现 $Y = \overline{A}\,\overline{B} + \overline{A}B + A\overline{B}$ 的电路。试分析其工作原理。

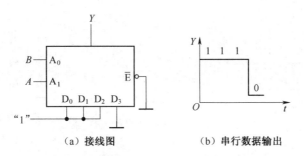

图 5-24　用四选一数据选择器实现 $Y = \overline{A}\,\overline{B} + \overline{A}B + A\overline{B}$ 的接线图

解: 由例 5-13 可知,四选一数据选择器在 $\overline{E} = 0$ 时,输出 Y 的表达式为

$$Y = \overline{A_1}\,\overline{A_0}D_0 + \overline{A_1}A_0D_1 + A_1\overline{A_0}D_2 + A_1A_0D_3$$

分析图 5-24(a),变量 A、B 即为上式中的 A_1、A_0,故

$$Y = \overline{A}\,\overline{B}D_0 + \overline{A}BD_1 + A\overline{B}D_2 + ABD_3$$

将上式与 $Y = \overline{A}\,\overline{B} + \overline{A}B + A\overline{B}$ 比较,欲使两式相等,可令 $D_0 = 1$,$D_1 = 1$,$D_2 = 1$,$D_3 = 0$,而电路图中的连接方式正好满足以上要求,故此电路能实现 $Y = \overline{A}\,\overline{B} + \overline{A}B + A\overline{B}$ 的逻辑功能。

实际中,若将并行数据预先放在数据输入端 $D_0 \sim D_3$,则当地址端 A_1A_0 由 $00 \rightarrow 01 \rightarrow 10 \rightarrow 11$ 变化时,四个通道的并行数据依次传送到输出端,得到串行数据输出,如图 5-24(b)所示,这种工作方式称为可编序列信号发生器。

采用数据选择器设计逻辑电路时,可按以下步骤进行:

①把函数的输入变量分为两组,一组加到数据选择器的地址端,余下的一组变量加到数据选择器的数据输入端。

②求出加到每个数据输入端的值。

③画出要实现的逻辑函数的逻辑电路图。

具体设计方法分三种情况说明:

①采用具有 n 个地址端的数据选择器实现 n 变量的函数时,应将函数的输入变量加到地址端,将函数卡诺图各方格内的值接到相应的数据输入端。

②当函数输入变量数小于数据选择器的地址端时,应将不用的地址端及不用的数据输入端都接 0(或接 1)。

③当函数输入变量数大于数据选择器的地址端时,可任选几个变量接到地址端,剩下的变量以一定的方式接到数据输入端。

例 5-16　试用一片 74LS151 型八选一数据选择器实现逻辑函数:

$$Z(A,B,C) = A\overline{B} + B\overline{C}$$

解: 用数据选择器实现逻辑函数时要先将逻辑函数用卡诺图或最小项之和形式表示出来,再和数据选择器的功能比较。

逻辑函数的卡诺图如图 5-25 所示。

将 A、B、C 接到地址端 A_2、A_1、A_0,Y 作为输出 Z,则和八选一数据选择器卡诺图(见图 5-26)相比较,可得:

$D_0 = D_1 = D_3 = D_7 = 0$,$D_2 = D_4 = D_5 = D_6 = 1$,用 74LS151 设计的此逻辑函数的电路接线图如

图 5-27 所示。

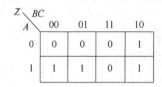

Z A \ BC	00	01	11	10
0	0	0	0	1
1	1	1	0	1

图 5-25　逻辑函数的卡诺图

Y A_2 \ A_1A_0	00	01	11	10
0	D_0	D_1	D_3	D_2
1	D_4	D_5	D_7	D_6

图 5-26　八选一数据选择器卡诺图

2 数据分配器

数据分配器和数据选择器正好相反，它是将一路数字信号分时地分配到多路设备的某一个输入端，是一种单入多出电路。

例 5-17　设计一个四路输出的数据分配器。

解：①进行逻辑抽象。设输入数据信号为 D，地址信号为 A_1A_0，四路输出分别为 Y_0、Y_1、Y_2、Y_3。

②列真值表见表 5-18。$A_1A_0=00$ 时，D 被送入 Y_0；$A_1A_0=01$ 时，D 被送入 Y_1；$A_1A_0=10$ 时，D 被送入 Y_2；$A_1A_0=11$ 时，D 被送入 Y_3。

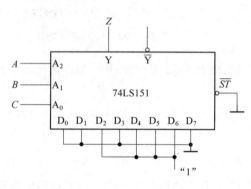

图 5-27　74LS151 实现逻辑函数的电路接线图

③由真值表写出逻辑表达式：

$$Y_0=\overline{A_1}\,\overline{A_0}D\ ,\ Y_1=\overline{A_1}A_0D\ ,\ Y_2=A_1\overline{A_0}D\ ,\ Y_3=A_1A_0D$$

④由真值表画出逻辑电路图如图 5-28 所示。

表 5-18　真　值　表

输入			输出			
A_1	A_0	D	Y_0	Y_1	Y_2	Y_3
0	0	0	0	0	0	0
0	0	1	1	0	0	0
0	1	0	0	0	0	0
0	1	1	0	1	0	0
1	0	0	0	0	0	0
1	0	1	0	0	1	0
1	1	0	0	0	0	0
1	1	1	0	0	0	1

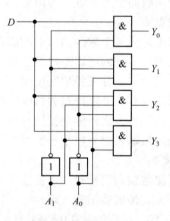

图 5-28　四路输出的数据分配器的逻辑电路图

实践训练　编码器、译码器、数据选择器实现逻辑电路的设计

1 实践目标

①掌握编码器、译码器、数据选择器等的逻辑电路的功能。

②能利用编码器、译码器、数据选择器等设计简单的逻辑电路。

2 内容与步骤

①测试 8 线–3 线优先编码器 74LS148 的逻辑功能,根据引脚图连接电源和输入信号,将输出情况填入表 5–19 中。

表 5–19　8 线–3 线优先编码器 74LS148 功能表

输　入									输　出				
E_i	I_0	I_1	I_2	I_3	I_4	I_5	I_6	I_7	L_2	L_1	L_0	S	E_o
1	×	×	×	×	×	×	×	×	1	1	1	1	1
0	1	1	1	1	1	1	1	1	1	1	1	1	0
0	×	×	×	×	×	×	×	0	0	0	0	0	1
0	×	×	×	×	×	×	0	1	0	0	1	0	1
0	×	×	×	×	×	0	1	1	0	1	0	0	1
0	×	×	×	×	0	1	1	1	0	1	1	0	1
0	×	×	×	0	1	1	1	1	1	0	0	0	1
0	×	×	0	1	1	1	1	1	1	0	1	0	1
0	×	0	1	1	1	1	1	1	1	1	0	0	1
0	0	1	1	1	1	1	1	1	1	1	1	0	1

②利用 74LS138 译码器和门电路实现三人表决器,接线图如图 5–29 所示。

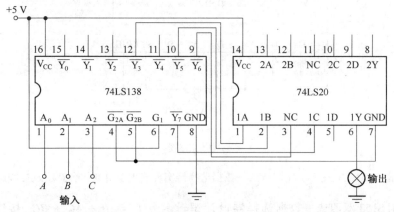

图 5–29　利用 74LS138 译码器和门电路实现三人表决器接线图

③利用 74LS153 双四选一数据选择器实现三人表决器,接线图如图 5–30 所示。

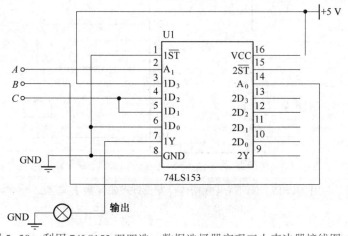

图 5–30　利用 74LS153 双四选一数据选择器实现三人表决器接线图

④利用 74LS151 八选一数据选择器实现三人表决器,示意图及接线图如图 5-31 所示。

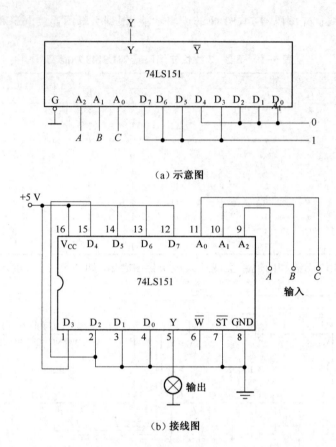

（a）示意图

（b）接线图

图 5-31 利用 74LS151 八选一数据选择器实现三人表决器的示意图及接线图

⑤利用 74LS153 双四选一数据选择器设计逻辑函数 $F = A\overline{B} + \overline{A}C + B\overline{C}$,接线图如图 5-32 所示。

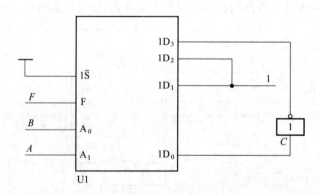

图 5-32 利用 74LS153 双四选一数据选择器设计逻辑函数 $F = A\overline{B} + \overline{A}C + B\overline{C}$ 接线图

（实践过程）

学生_____成绩_____

日期_____教师_____

数字系统中除采用逻辑门外,还常用到另一类具有记忆功能的电路——触发器。它具有存储二进制信息的功能,是组成时序逻辑电路的基本储存单元。本项目要求设计并制作抢答器。其中:S_1、S_2、S_3、S_4为四路抢答操作按钮。任何一个人先将某一按钮按下,则与其对应的发光二极管(指示灯)被点亮,表示此人抢答成功;而紧随其后的其他开关再被按下均无效,指示灯仍保持第一个按钮按下时所对应的状态不变。S_5为主持人控制的复位操作按钮,当S_5被按下时抢答器电路清零,松开后则允许抢答。抢答器原理框图如图6-1所示。

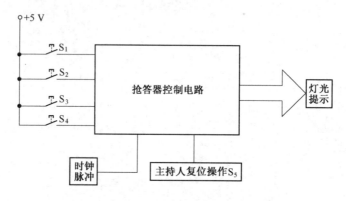

图6-1 抢答器原理框图

兴趣导入

抢答器在各行各业应用十分广泛,抢答器的核心控制元件是什么?如何实现?通过以下内容的学习,读者会对数字电路产生新的认识与提高。

相关知识1 RS 触发器

学习目标

①了解触发器的概念;理解触发器的记忆作用。

②熟悉基本 RS 触发器、同步 RS 触发器的触发方式及逻辑功能。

触发器(flip flop,FF)是能够记忆二值信息("1"和"0")的基本时序逻辑单元电路。触发器是一种具有记忆功能并且其状态能在触发脉冲作用下迅速翻转的逻辑电路。一个触发器具有两种稳定的状态,一种称之为"0"状态,另一种称之为"1"状态。在任何时刻,触发器只处于一个稳定状态,当触发脉冲作用时,触发器可以从一种状态翻转到另一种状态。触发器是时序逻辑电路的基本单元,用于存储一位二进制码。

触发器由门电路构成,分为双稳态触发器、单稳态触发器、无稳态触发器(多谐振荡器)等几种。下面重点介绍双稳态触发器,其两个稳定状态分别用"1"和"0"表示。

(1)双稳态触发器的基本特点

①有两个稳定的状态,以便于记忆"1"和"0"。

②在输入的触发信号作用下,电路能被置于"1"或"0"。

③输入信号消失后,电路能保持获得的状态,即具有"记忆"能力。

(2)触发器原态、次态和时序的概念

①原态:输入信号作用的 t 时刻,触发器所处的状态,用 Q^n 表示 。

②次态:t 时刻输入信号作用后,触发器获得的新状态,用 Q^{n+1} 表示。

③时序:在输入信号作用下,触发器状态更新和演化过程的时间序列。

不同的电路结构,有不同的动作特点;不同的逻辑功能,有不同的工作原理。了解触发器的这些特点,对本项目内容的学习十分重要。

(3)触发器逻辑功能的表示方法

①逻辑电路:实现触发器逻辑功能的电路。

②特性表:又称功能表,用来反映触发器输出状态的变化规律。

③特性方程:又称状态方程,是反映触发器输出状态变化的函数式。

④状态转换图(简称"状态图"):反映触发器"0"和"1"两种状态之间转换及条件的图形。

⑤时序图:又称输出状态演化时序波形图,类似组合逻辑电路的波形图。

1　基本 RS 触发器

基本 RS 触发器是一种最简单的触发器,是构成其他各种触发器最基本的单元。

(1)电路结构

图 6-2 所示是由两个与非门组成的基本 RS 触发器的逻辑电路图和图形符号。两个输出端 Q、$\overline{Q}$,在触发器处于稳定状态时,两个输出端逻辑状态是互补的,即一个为 1 时另一个为 0。$\overline{R_D}$、$\overline{S_D}$ 为信号输入端,其上面的非号"$\overline{}$"表示这种触发器输入信号为低电平有效。

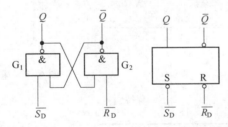

图 6-2　与非门构成的基本 RS 触发器的逻辑电路图和图形符号

(2)工作原理

触发器在接收触发信号之前的稳定状态称为原态(初态),用 Q^n 表示。触发器在接收触发信号之后新建立的稳定状态称为次态,用 Q^{n+1} 表示。触发器的次态 Q^{n+1} 是由输入信号和触发器的原态 Q^n 共同决定的。

①置 0 功能。当 $\overline{R_D} = 0$、$\overline{S_D} = 1$ 时,由于 $\overline{R_D} = 0$,G_2 输出 $\overline{Q} = 1$,这时 G_1 输入都为高电平,输出 $Q = 0$,触发器被置 0,使触发器处于 0 态的输入端 $\overline{R_D}$ 称为置 0 端,又称复位端。

②置 1 功能。当 $\overline{R_D} = 1$　$\overline{S_D} = 0$ 时,由于 $\overline{S_D} = 0$,G_1 输出 $Q = 1$,这时 G_2 输入都为高电平,输出 $\overline{Q} = $

0,触发器被置 1,使触发器处于 1 态的输入端 $\overline{S_D}$ 称为置 1 端,又称置位端。

③保持功能。当 $\overline{R_D} = \overline{S_D} = 1$ 时,若原态为"1"状态,即 $Q^n = 1$、$\overline{Q^n} = 0$,则加入输入信号后 G_1 门因其有一个输入端为 0,其输出 $Q^{n+1} = 1$,而 G_2 门的两个输入均为 1,其输出 $\overline{Q^{n+1}} = 0$;若原态为"0"状态,即 $Q^n = 0$、$\overline{Q^n} = 1$,则加入输入信号后 G_2 门因其有一个输入端为 0,其输出 $\overline{Q^{n+1}} = 1$,而 G_1 门的两个输入均为 1,其输出 $Q^{n+1} = 0$。

可见,当置 1 端 $\overline{S_D}$ 和置 0 端 $\overline{R_D}$ 为无效高电平时,触发器维持原状态不变,这就是触发器的保持功能,即记忆功能。

④不定状态。当 $\overline{R_D} = \overline{S_D} = 0$ 时,在这种情况下,触发器两个输出都为 1,这对于触发器是不允许的,它违反了触发器两输出端互补的规定。而且一旦输入端 $\overline{S_D}$、$\overline{R_D}$ 的低电平信号同时消失,因两个门的翻转速度快慢不定,会导致触发器输出状态不能确定。

(3)功能描述

①特性表。特性表是用表格的形式描述触发器在输入信号作用下,触发器的次态与触发器的原态及输入信号之间的关系,表 6-1 所示为基本 RS 触发器的特性表。

②特性方程。特性方程是以逻辑表达式的形式来描述触发器次态 Q^{n+1} 与原态 Q^n 及输入信号之间的关系。根据上述特性表,画出图 6-3 所示的卡诺图并进行化简,可写出特性方程为

$$Q^{n+1} = \overline{S} + RQ^n$$

$$\overline{R} + \overline{S} = 1 \,(约束条件)$$

表 6-1　基本 RS 触发器的特性表

$\overline{R_D}$	$\overline{S_D}$	Q^n	Q^{n+1}	功能说明
0	0	0 1	不定态	不允许
0	1	0 1	0 0	置 0
1	0	0 1	1 1	置 1
1	1	0 1	0 1	保持

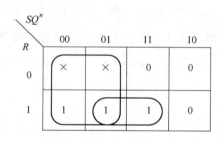

图 6-3　基本 RS 触发器的卡诺图

③状态图。状态图是以图形方式描述触发器的状态变化及状态转换的条件。图 6-4 为基本 RS 触发器的状态图。图中的两个圆圈表示触发器的两个稳定状态,箭头表示状态转换的方向,箭头线旁的标注表示状态转换的条件。

④时序图。时序图是用输出波形来描述触发器的逻辑功能。一般先设初始状态(原态)为 0 (也可设为 1),然后根据给定输入信号波形,画出输出 Q 的波形。画图时,对应一个时刻,时刻以前为 Q^n,时刻以后为 Q^{n+1},故时序图上只标 Q 和 $\overline{Q}$。图 6-5 为基本 RS 触发器的时序图,阴影部分为触发器的不定状态。

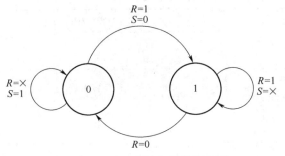

图 6-4　基本 RS 触发器的状态图

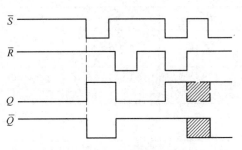

图 6-5　基本 RS 触发器的时序图

（4）应用举例——去抖动开关

利用基本 RS 触发器的记忆功能可消除机械开关抖动引起的干扰脉冲。机械开关在接通时会产生机械抖动，如图 6-6 所示。在电子电路中一般不允许出现这种现象，这种干扰可能会导致电路工作故障。

图 6-7 是利用基本 RS 触发器实现的去抖动电路。设开关 S 原来与 B 接通，这时触发器状态为 0 态；当开关由 B 拨向 A 时，其中有一短暂的浮空时间，这时触发器的 $\overline{S_D}$、$\overline{R_D}$ 均为 1，Q 仍为 0；开关与 A 接触时，A 点的电位由于抖动而产生"毛刺"。但是，

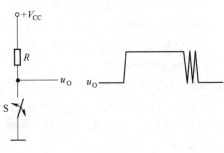

图 6-6　机械开关引起的抖动

由于 B 已经是高电平，A 点一旦出现低电平，触发器状态翻转为 1，即使 A 点再出现高电平，也不会再改变触发器的状态，所以 Q 端不会出现抖动产生的"毛刺"。

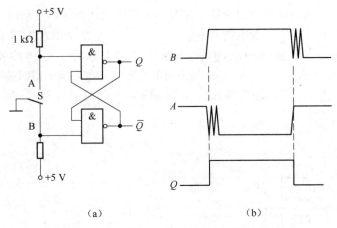

（a）　　　　　　　　　　　　（b）

图 6-7　利用基本 RS 触发器消除机械开关抖动

（5）由或非门构成的基本 RS 触发器

事实上，凡是具有非逻辑关系的两个门交叉耦合都可以构成基本 RS 触发器。比如用两个或非门构成的基本 RS 触发器，它具有图 6-2 所示电路同样的功能，只是触发输入需要用高电平来触发，用 R_D 和 S_D 来表示。其特性表见表 6-2，输入条件与输出状态的对应关系与表 6-1 是一致的，只要将表 6-1 中输入变量取非，就可得到表 6-2。

表 6-2　用两个或非门构成的基本 RS 触发器的特性表

R_{D}	S_{D}	Q^n	Q^{n+1}	功能说明
0	0	0 1	0 1	保持
0	1	0 1	1 1	置 1
1	0	0 1	0 0	置 0
1	1	0 1	不定	不允许

综上所述,基本 RS 触发器的主要特点可归纳为以下几点:

①电路结构简单,具有置 0、置 1 和保持(记忆)三种功能。

②两个输入之间存在约束,不允许这两端同时加有效电平。

③存在直接控制问题,即当输入触发信号时,输出立刻就会发生相应的变化。

基本 RS 触发器的第三个特点,给触发器的使用带来了极大的不便。在实际使用中,触发器的工作状态不仅要由输入信号来决定,而且还要求触发器按一定的节拍翻转,于是产生了时钟触发器。这种触发器有两种输入端:一种是决定其输出状态的数据信号输入端;另一种是决定其动作时间的时钟脉冲(clock pulse),简称 CP 输入端。

2　同步 RS 触发器

同步触发器在基本 RS 触发器基础上加了一个时钟控制端 CP 脉冲(周期性连续脉冲),可以同时控制多个触发器同步翻转。

(1)电路结构

同步 RS 触发器的逻辑电路图及图形符号如图 6-8 所示,CP 为时钟控制输入端。该电路由两部分组成:一个是由与非门 G_1、G_2 组成的基本触发器;另一个是在基本触发器的基础上多加两个与非门 G_3、G_4 组成的输入控制电路。G_3、G_4 是由时钟脉冲 CP 控制的。具有时钟脉冲控制的触发器又称时钟触发器。图 6-8 所示的时钟电平控制为高电平有效。在 $CP=1$ 期间接收输入信号;在 $CP=0$ 时状态保持不变。与基本 RS 触发器相比,同步 RS 触发器对触发器状态的转变增加了时间控制。

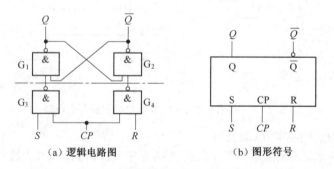

(a)逻辑电路图　　　　　　　(b)图形符号

图 6-8　同步 RS 触发器的逻辑电路图及图形符号

(2)工作原理

当 $CP=0$ 时,G_3 和 G_4 被封锁,不管 R、S 端的输入信号如何变化,输出都为 1,触发器保持原状态不变,即 $Q^{n+1} = Q^n$。

当 $CP = 1$ 时,G_3 和 G_4 解除封锁,R、S 端的输入信号才能通过由 G_1、G_2 组成的基本 RS 触发器,使状态发生翻转。

(3)功能描述

①特性表。表 6-3 所示为同步 RS 触发器的特性表。

②特性方程。特性方程是以逻辑表达式的形式来描述触发器次态 Q^{n+1} 与原态 Q^n 及输入信号之间的关系。根据上述特性表,画出图 6-9 所示的卡诺图并进行化简,可写出特性方程,即

$$Q^{n+1} = S + RQ^n$$

$$RS = 0(约束条件)$$

由此可知,输入信号 R、S 之间有约束。不允许出现 R 和 S 同时为 1 的情况;否则,会使触发器处于不确定的状态。

表 6-3 同步 RS 触发器的特性表

CP	R	S	Q^n	Q^{n+1}	功能说明
1	0	0	0 1	0 1	保持
1	0	1	0 1	1 1	置1
1	1	0	0 1	0 0	置0
1	1	1	0 1	不定	不允许

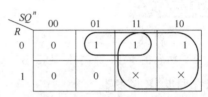

图 6-9 同步 RS 触发器的卡诺图

③状态图。根据同步 RS 触发器的特性表可得到同步 RS 触发器的状态图,如图 6-10 所示。图中的两个圆圈表表触发器的两个稳定状态,箭头表示状态转换的方向,箭头线旁标注的数字为输入信号 RS 的值。

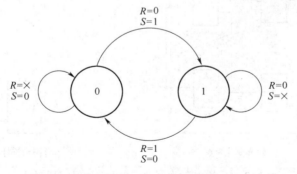

图 6-10 同步 RS 触发器的状态图

例如:要求触发器由 0 状态转换到 1 状态,从图 6-10 所示的状态可知,输入信号取 $R = 1$、$S = 0$,即若输入信号 RS 为 10,那么触发器就会从原态 $Q^n = 1$ 翻转成次态 $Q^{n+1} = 0$。

(4)同步 RS 触发器存在的问题

①空翻问题。同步 RS 触发器与基本 RS 触发器相比较,虽然增加了时钟控制端,但仍存在空翻现象。正常情况下,在一个 CP 脉冲的作用下,触发器的状态只能翻转一次。由于在 $CP = 1$ 期

间，G_3、G_4 门为"开门"，都能接收 R、S 信号。所以，如果在 $CP=1$ 期间 R、S 发生多次变化，则触发器的状态也可能发生多次翻转。而空翻现象是指在一个 CP 脉冲作用期间，触发器的状态产生两次或两次以上翻转。图 6-11 所示为同步 RS 触发器空翻现象。

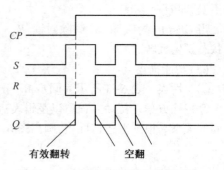

为避免计数混乱，要求每来一个 CP 脉冲，触发器只发生一次翻转。

②次态不定问题。同步 RS 触发器与基本 RS 触发器一样，输入信号 R、S 之间有约束条件，否则会出现触发器次态不定的问题。因此，同步 RS 触发器在数字电路应用中同样受到制约。为了使触发器能够更有效地工作，要求触发器不要出现次态不定问题。

图 6-11　同步 RS 触发器空翻现象

相关知识2　JK 触发器

学习目标

①了解 JK 触发器的电路结构。
②熟悉同步 JK 触发器、边沿 JK 触发器的触发方式及逻辑功能。

1　同步 JK 触发器

（1）电路结构

JK 触发器改进了 RS 触发器，解决了 RS 触发器的约束问题。同时将输入端 S 改称为 J，输入端 R 改称为 K，这样就构成了 JK 触发器。同步 JK 触发器的逻辑电路图和图形符号如图 6-12 所示。图中 G_1 和 G_2 与或非门交叉耦合组成基本 RS 触发器，G_3 和 G_4 为输入控制门，J、K 为输入端。

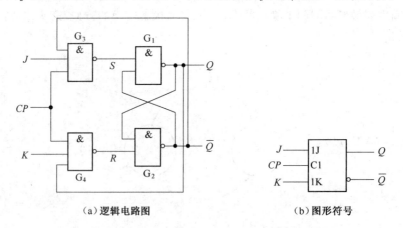

（a）逻辑电路图　　　　　　　　　　（b）图形符号

图 6-12　同步 JK 触发器的逻辑电路图及图形符号

（2）工作原理

当 $CP=0$ 时，$R=S=1$，$Q^{n+1}=Q^n$，触发器的状态保持不变。

当 $CP=1$ 时，将 $R=\overline{CP\cdot K\cdot Q^n}=\overline{K\cdot Q^n}$，$S=\overline{CP\cdot J\cdot \overline{Q^n}}=\overline{J\cdot \overline{Q}}$，代入 $Q^{n+1}=\overline{S}+RQ^n$，可得 $Q^{n+1}=J\cdot \overline{Q^n}+\overline{K\cdot Q^n}Q^n=J\cdot \overline{Q^n}+\overline{K}Q^n$。

（3）逻辑功能

①特性方程。根据上述分析,同步 JK 触发器的特征方程为

$$Q^{n+1} = J\overline{Q^n} + \overline{K}Q^n$$

②特性表。根据同步 JK 触发器特性方程,可得同步 JK 触发器的特性表见表 6-4。

表 6-4　同步 JK 触发器的特性表

CP	J	K	Q^n	Q^{n+1}	功能说明
1	0	0	0 1	0 1	保持
1	0	1	0 1	0 0	置0
1	1	0	0 1	1 1	置1
1	1	1	0 1	1 0	翻转

由表 6-4 可知:

a. 当 $J = 0, K = 1$ 时,$Q^{n+1} = J\overline{Q^n} + \overline{K}Q$,触发器置 0。

b. 当 $J = 1, K = 0$ 时,$Q^{n+1} = J\overline{Q^n} + \overline{K}Q^n$,触发器置 1。

c. 当 $J = 0, K = 0$ 时,$Q^{n+1} = Q^n$,触发器保持原态不变。

d. 当 $J = 1, K = 1$ 时,$Q^{n+1} = \overline{Q^n}$,触发器和原来的状态相反,称为翻转或称计数。

所谓计数就是每输入一个时钟脉冲 CP,触发器的状态变化一次。电路处于计数状态,触发器状态翻转的次数与 CP 脉冲输入的个数相等,以翻转的次数记录 CP 脉冲输入的个数。$J=K=1$ 波形图如图 6-13 所示。

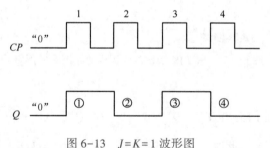

图 6-13　$J=K=1$ 波形图

③状态图。由特性表可得同步 JK 触发器的状态图,如图 6-14 所示。

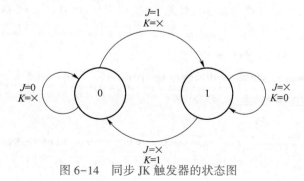

图 6-14　同步 JK 触发器的状态图

2 边沿 JK 触发器

同步触发器在 $CP=1$ 期间接收输入信号,如输入信号在此期间发生多次变化,其输出状态也会随之发生翻转,这种现象称为触发器的空翻。空翻现象限制了同步触发器的应用。为此设计了边沿触发器。

边沿触发器只能在时钟脉冲 CP 上升沿（或下降沿)时刻接收输入信号,因此,电路状态只能在 CP 上升沿(或下降沿)时刻翻转。在 CP 的其他时间内,电路状态不会发生变化,这样就提高了触发器工作的可靠性和抗干扰能力,防止了空翻现象。

（1）电路结构

边沿 JK 触发器的逻辑电路图和图形符号如图 6-15 所示。图中 G_1 和 G_2 与或非门交叉耦合组成基本 RS 触发器,G_3 和 G_4 为输入控制门,J、K 为输入端。在制造时,要保证 G_3 和 G_4 的传输延迟时间比基本 RS 触发器的翻转时间长。这种触发器是利用门电路的传输延迟时间实现负边沿触发的。

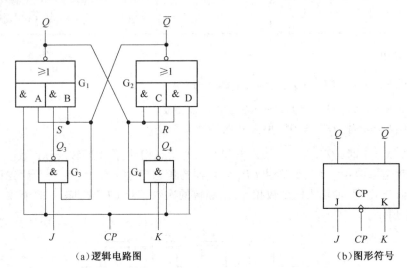

（a）逻辑电路图　　　　　　　　　　（b）图形符号

图 6-15　边沿 JK 触发器的逻辑电路图和图形符号

（2）工作原理

① $CP=1$ 期间,与或非门输出 $Q^{n+1}=\overline{\overline{Q^n}+\overline{Q^n}\cdot S}=Q^n$,$\overline{Q^{n+1}}=\overline{Q^n+Q^n\cdot R}=\overline{Q^n}$（ $R=Q_4$,$S=Q_3$）,所以触发器的状态保持不变。此时,与非门输出,$Q_4=\overline{KQ^n}$,$Q_3=\overline{J\,\overline{Q^n}}$。

② $CP=0$ 期间,与非门 G_3、G_4 输出结果 $Q_3=Q_4=1$。此时,触发器的输出 Q^{n+1} 将保持状态不变。

③ CP 上升沿到来,$CP=1$,则与或非门恢复正常,$Q^{n+1}=Q^n$,$\overline{Q^{n+1}}=\overline{Q^n}$ 保持状态不变。

④ CP 下降沿到来,$CP=0$,由于 $t_{pd1}>t_{pd2}$,则与或非门中的 A、D 与门结果为 0,与或非门变为基本 RS 触发器 $Q^{n+1}=\overline{S}+RQ^n=J\,\overline{Q^n}+\overline{K}Q^n$。

由上述分析得出此触发器是在 CP 下降沿按 $Q^{n+1}=J\,\overline{Q^n}+\overline{K}Q^n$ 特征方程进行状态转换,故此触发器为下降沿触发的边沿触发器。

（3）功能描述

由 JK 触发器的特性方程,可得出其特性表如表 6-5 所示。边沿 JK 触发器的状态图如图 6-16 所示。

表 6-5　边沿 JK 触发器的特性表

J	K	Q^n	Q^{n+1}	功能说明
0	0	0 1	0 1	保持
0	1	0 1	0 0	置0
1	0	0 1	1 1	置1
1	1	0 1	1 0	翻转

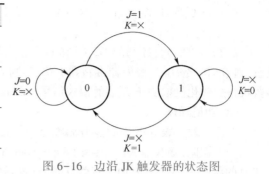

图 6-16　边沿 JK 触发器的状态图

相关知识 3　D 触发器

学习目标

①了解 D 触发器的电路结构。

②熟悉同步 D 触发器、边沿 D 触发器的触发方式及逻辑功能。

1 同步 D 触发器

为了解决同步 RS 触发器同时出现 R、S 都为 1 时次态不确定的问题,只需在同步 RS 触发器的基础上,对其控制电路稍做改变,即在 R、S 输入端之间加一个非门,构成一个单输入触发器,这种触发器称为同步 D 触发器。

(1)电路结构

同步 D 触发器的逻辑电路图及图形符号如图 6-17 所示。它是将输入信号 D 转换成一对相反的信号,分别送至同步 RS 触发器的两个输入端,使同步 RS 触发器的两个输入信号只能是 01 或者 10 两种组合,不会出现 R、S 都为 1 时次态不确定的问题,从而消除了状态不确定现象。

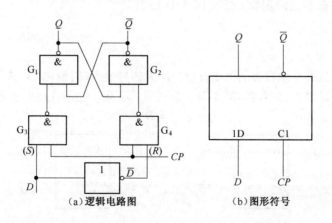

(a)逻辑电路图　　　　　　　(b)图形符号

图 6-17　同步 D 触发器逻辑电路图及图形符号

（2）工作原理

在 $CP=0$ 期间，控制门 G_3、G_4 被封锁都输出1，触发器保持原态不变，不受 D 端输入信号的控制。

在 $CP=1$ 期间，控制门 G_3、G_4 被打开，可接收 D 端的输入信号。若 $D=0$，触发器翻转到0状态，则 $Q=0$；若 $D=1$，触发器翻转到1状态，则 $Q=1$。由上述分析可知，在 CP 作用下，同步D触发器状态的变化仅取决于 D 端的输入信号，而与触发器的原态无关。

（3）功能描述

①特性表。表6-6为同步D触发器的特性表。同步D触发器受时钟电平控制，高电平有效。在 $CP=1$ 期间，接收输入信号；在 $CP=0$ 期间，状态保持。当 CP 由0变为1时，触发器状态翻转到和 D 的状态一致；当 CP 由1变为0时，触发器状态保持原态不变。

②特性方程。由特性表得出同步D触发器的逻辑功能如下：当 CP 由0变为1时，触发器的状态翻转到和 D 的状态一致；当 CP 由1变为0时，触发器保持原态不变。

根据特性表画出同步D触发器的卡诺图，如图6-18所示。由该图可得

$$Q^{n+1} = D$$

表6-6 同步D触发器的特性表

CP	D	Q^n	Q^{n+1}	功能说明
1	0	0 1	0	置0
1	1	0 1	1	置1

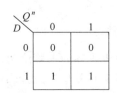

图6-18 同步D触发器的卡诺图

③状态图。由特性表得出同步D触发器的状态图如图6-19所示。

例如：要求触发器由0状态转换到1状态时，从图6-19所示的状态可知，输入信号取 $D=1$，即若输入信号 $D=1$，那么触发器就会从原态 $Q^n=0$ 翻转成次态 $Q^{n+1}=1$。

（4）同步D触发器优缺点

输入端只有一个输入信号 D，输入信号不存在约束条件，解决了触发器次态不定的现象。但是同步D触发器仍存在空翻现象。

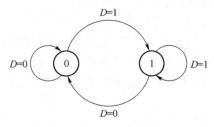

图6-19 同步D触发器的状态图

2 边沿D触发器

图6-20所示为边沿D触发器的图形符号。D 为信号输入端，框内">"表示动态输入，它表明用时钟脉冲 CP 上升沿触发，只有在 CP 上升沿到达时才有效。它的特性方程为

$$Q^{n+1} = D$$

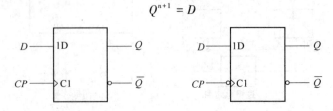

（a）上升沿触发的边沿D触发器 　　（b）下降沿触发的边沿D触发器

图6-20 边沿D触发器的图形符号

边沿 D 触发器的特点是:在 $CP = 0$、下降沿、$CP = 1$ 期间,输入信号都不起作用,只有在 CP 上升沿或下降沿时刻,触发器才会按其特性方程改变状态。因此,边沿 D 触发器没有"空翻"的现象。

相关知识4 常用集成触发器产品简介

学习目标

① 能借助资料读懂常用集成触发器产品的型号,明确各引脚功能。

② 能完成由触发器构成的抢答器的制作。

说明:

① 符号上加横线的,表示负脉冲(低电平)有效;不加横线的,表示正脉冲(高电平)有效。NC 表示空引脚。

② 双触发器以上,其输入/输出符号前写同一数字的,表示属于同一触发器。

③ V_{CC} 一般为 5 V,V_{DD} 一般为 3~18 V。

1 集成 JK 触发器 74LS112

(1)74LS112 的引脚排列图及图形符号

74LS112 为双下降沿 JK 触发器,其引脚排列图及图形符号如图 6-21 所示。

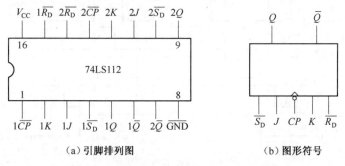

(a)引脚排列图　　　　　(b)图形符号

图 6-21　74LS112 引脚排列图及图形符号

(2)逻辑功能

74LS112 芯片由两个独立的下降沿触发的边沿 JK 触发器组成,表 6-7 为其功能表,由该表可以看出 74LS112 有如下主要功能。

表 6-7　74LS112 功能表

输　入					输出		功能说明
$\overline{R_D}$	$\overline{S_D}$	J	K	CP	Q^{n+1}	$\overline{Q^{n+1}}$	
0	1	×	×	×	0	1	异步置0
1	0	×	×	×	1	0	异步置1
1	1	0	0	↓	Q^n	$\overline{Q^n}$	保持
1	1	0	1	↓	0	1	置0
1	1	1	0	↓	1	0	置1
1	1	1	1	↓	$\overline{Q^n}$	Q^n	翻转
1	1	×	×	1	Q^n	$\overline{Q^n}$	保持
0	0	×	×	×	1	1	不允许

①异步置0。当 $\overline{R_D} = 0$，$\overline{S_D} = 1$ 时，触发器置0，它与时钟脉冲 CP 及 J、K 的输入信号无关。

②异步置1。当 $\overline{R_D} = 1$，$\overline{S_D} = 0$ 时，触发器置1，它也与时钟脉冲 CP 及 J、K 的输入信号无关。

③保持。取 $\overline{R_D} = \overline{S_D} = 1$，如 $J = K = 0$ 时，触发器保持原来的状态不变。即使在 CP 下降沿到来时，电路状态也不会改变，$Q^{n+1} = Q^n$。

④置0。取 $\overline{R_D} = \overline{S_D} = 1$，如 $J = 0$，$K = 1$，在 CP 下降沿到来时，触发器翻转到0状态，即置0，$Q^{n+1} = 0$。

⑤置1。取 $\overline{R_D} = \overline{S_D} = 1$，如 $J = 1$，$K = 0$ 时在 CP 下降沿到来时，触发器翻转到1状态，即置1，$Q^{n+1} = 1$。

⑥翻转。取 $\overline{R_D} = \overline{S_D} = 1$，如 $J = K = 1$ 时，则每输入一个 CP 的下降沿，触发器的状态变化一次，$Q^{n+1} = \overline{Q^n}$，这种情况常用来计数。

例6-1 图6-22所示为集成 JK 触发器 74LS112 的 CP、J、K、$\overline{S_D}$ 和 $\overline{R_D}$ 的输入波形，试画出它的输出端 Q 的波形。设触发器的初始状态 $Q = 0$。

解：

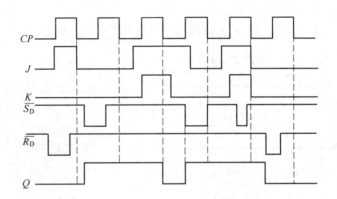

图6-22　例6-1波形图

（3）74LS112应用实例

图6-23所示为74LS112构成的多路公共照明控制电路，$S_1 \sim S_n$ 为安装在不同处的按钮开关，不同的地方都能独立控制路灯的亮和灭。如触发器处于0状态时，$Q = 0$，三极管 VT 截止，继电器

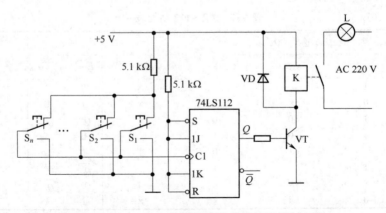

图6-23　74LS112构成的多路公共照明控制电路

K 的动合触点断开,照明灯 L 熄灭。当按下按钮开关 S_1 时,触发器由 0 状态翻转到 1 状态,$Q = 1$,三极管导通,继电器 K 得电,动合触点闭合,照明灯 L 点亮。如按下按钮开关 S_2 时,则触发器又翻转到 0 状态,$Q = 0$,VT 截止,继电器 K 的动合触点断开,灯 L 熄灭。这样就实现了不同的地方能独立控制路灯的亮和灭。

2 **集成边沿 D 触发器 74LS74**

(1)74LS74 的引脚排列图及图形符号

如图 6-24 所示为集成边沿 D 触发器 74LS74 的引脚排列图及图形符号。

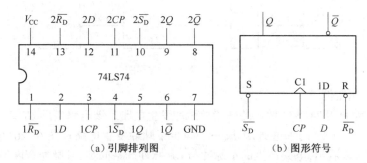

(a)引脚排列图　　　　　(b)图形符号

图 6-24　74LS74 的引脚排列图及图形符号

(2)逻辑功能

74LS74 内部包含两个带有异步清零端 $\overline{R_D}$ 和异步置放端 $\overline{S_D}$ 的 D 触发器,它们都是 CP 上升沿触发的边沿 D 触发器,异步输入端 $\overline{R_D}$ 和 $\overline{S_D}$ 为低电平有效,其功能表见表 6-8,表中符号"↑"表示上升沿,"↓"表示下降沿。由表 6-8 可以看出 74LS74 有如下功能:

表 6-8　集成边沿 D 触发器 74LS74 的功能表

输　入				输　出	功能说明
$\overline{R_D}$	$\overline{S_D}$	D	CP	Q^{n+1}	
0	1	×	×	0	异步置 0
1	0	×	×	1	异步置 1
1	1	0	↑	0	置 0
1	1	1	↑	1	置 1
1	1	×	0	Q^n	保持

①异步置 0。当 $\overline{R_D} = 0$、$\overline{S_D} = 1$ 时,触发器置 0,$Q^{n+1} = 0$,此时它与时钟脉冲 CP 及 D 的输入信号没有关系。

②异步置 1。当 $\overline{R_D} = 1$、$\overline{S_D} = 0$ 时,触发器置 1,$Q^{n+1} = 1$。

③置 0。当 $\overline{R_D} = \overline{S_D} = 1$,如 $D = 0$,则在 CP 由 0 跳变到 1 时,触发器置 0,$Q^{n+1} = 0$。

④置 1。当 $\overline{R_D} = \overline{S_D} = 1$,如 $D = 1$,则在 CP 由 0 跳变到 1 时,触发器置 1,$Q^{n+1} = 1$。

⑤保持。当 $\overline{R_D} = \overline{S_D} = 1$,$CP = 0$ 时,不论 D 端输入信号为 0 还是 1,触发器都保持原来的状态不变。

例 6-2 图 6-25 所示为集成边沿 D 触发器 74LS74 的 CP、D、$\overline{S_D}$ 和 $\overline{R_D}$ 的输入波形,试画出它的输出端 Q 的波形。设触发器的初始状态 $Q=0$。

解:

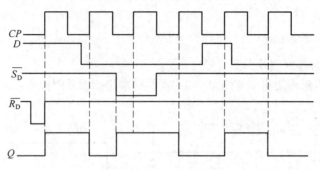

图 6-25 例 6-2 波形图

（3）74LS74 应用实例

图 6-26 所示为利用 74LS74 构成的同步单脉冲发生电路。该电路借助 CP 产生两个起始不一致的脉冲,再由一个"与非"门来选通,组成一个同步单脉冲发生电路。图 6-26(b) 是电路的工作波形,从波形图中可以看出,电路产生的单脉冲与 CP 脉冲严格同步,且脉冲宽度等于 CP 脉冲的一个周期,电路的正常工作不受开关 S 机械抖动产生的毛刺影响,因此,该电路可应用于设备的启动,或系统的调试与检测。

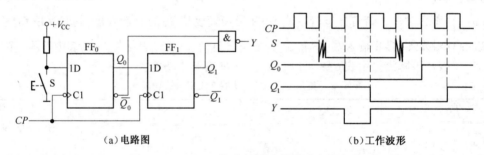

（a）电路图   （b）工作波形

图 6-26 74LS74 构成的同步单脉冲发生电路

3 **集成边沿 D 触发器 74LS175**

（1）74LS175 的引脚排列图及图形符号

74LS175 的引脚排列图及图形符号如图 6-27 所示。

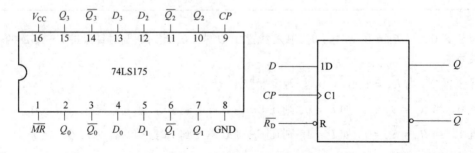

图 6-27 74LS175 的引脚排列图及图形符号

（2）逻辑功能

74LS175 内部包含四个上升沿触发的边沿 D 触发器，它们都是 CP 上升沿触发的边沿 D 触发器，使用公共的电源、地线、时钟信号和异步清零信号，异步输入端 $\overline{R_D}$ 为低电平有效，其功能表见表 6-9，表中符号"↑"表示上升沿，"↓"表示下降沿。由表 6-9 可以看出 74LS175 有如下功能：

①异步置 0。当 $\overline{R_D} = 0$，触发器置 0，$Q^{n+1} = 0$，它与时钟脉冲 CP 及 D 的输入信号没有关系。

②置 0。当 $\overline{R_D} = 1$，如 $D = 0$，则在 CP 由 0 跳变到 1 时，触发器置 0，$Q^{n+1} = 0$。

③置 1。当 $\overline{R_D} = 1$，如 $D = 1$，则在 CP 由 0 跳变到 1 时，触发器置 1，$Q^{n+1} = 1$。

④保持。当 $\overline{R_D} = 1$，在 $CP = 0$ 时，这时不论 D 输入信号为 0 还是 1，触发器都保持原来的状态不变。

表 6-9 集成边沿 D 触发器 74LS175 的功能表

输 入			输 出	功 能 说 明
$\overline{R_D}$	D	CP	Q^{n+1}	
0	×	×	0	异步置 0
1	0	↑	0	置 0
1	1	↑	1	置 1
1	×	0	Q^n	保持

例 6-3 图 6-28 所示为集成边沿 D 触发器 74LS175 的 CP、D 和 $\overline{R_D}$ 的输入波形，试画出它的输出端 Q 的波形。设触发器的初始状态 $Q = 0$。

解：

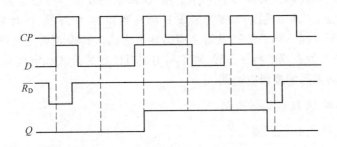

图 6-28 例 6-3 波形图

（3）74LS175 应用实例

利用 74LS175 构成的抢答器电路原理图如图 6-29 所示，抢答前，各触发器清零，四只发光二极管均不亮；抢答开始后，假设 S_1 先按下，则 $1D$ 先为 1，当 CP 脉冲上升沿出现时，点亮 LED_1；其他按钮开关随后按下，相应的发光二极管不会点亮。若要再次进行抢答，只要清零即可。读者可自行分析。

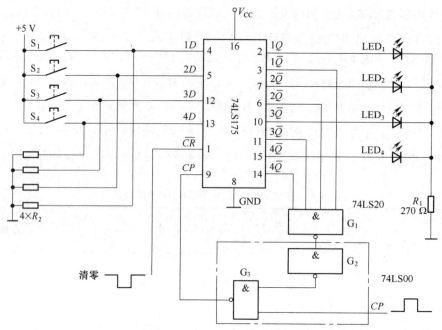

图 6-29　利用 74LS175 构成的抢答器电路原理图

相关知识 5　触发器之间的转换

学习目标

①掌握不同触发器之间的转换方法。

②会正确选用集成触发器产品及相互替代。

从逻辑功能来分,触发器共有四种类型:RS、JK、D 和 T 触发器。在数字装置中往往需要各种类型的触发器,而市场上出售的触发器多为集成 D 触发器和 JK 触发器,没有其他类型触发器,因此,这就要求我们必须掌握不同类型触发器之间的转换方法。转换逻辑电路图的方法,一般是先比较已有触发器和待求触发器的特征方程,然后利用逻辑代数的公式和定理实现两个特征方程之间的变换,进而画出转换后的逻辑电路图。

1　JK 触发器转换成 D、T 和 T′触发器

(1)JK 触发器转换成 D 触发器

JK 触发器的特征方程为

$$Q^{n+1} = J\,\overline{Q^n} + \overline{K}Q^n \tag{6-1}$$

D 触发器的特征方程为

$$Q^{n+1} = D \tag{6-2}$$

对照式(6-1),对式(6-2)变换得

$$Q^{n+1} = D = D(\overline{Q^n} + Q^n) = D\,\overline{Q^n} + DQ^n \tag{6-3}$$

比较式(6-1)和式(6-3),可见只要取 $J = D$,$K = \overline{D}$,就可以把 JK 触发器转换成 D 触发器。

图 6-30(a)是转换后的 D 触发器电路图。转换后,D 触发器的 CP 触发脉冲与转换前 JK 触发器的 CP 触发脉冲相同。

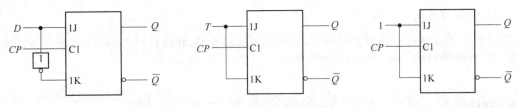

（a）转换后的D触发器电路图　　（b）转换后的T触发器电路图　　（c）转换后的T′触发器电路图

图 6-30　JK 触发器转换成 D、T 和 T′触发器电路图

（2）JK 触发器转换成 T 触发器

T 触发器的特征方程为

$$Q^{n+1} = T\overline{Q^n} + \overline{T}Q^n \tag{6-4}$$

比较式(6-1)和式(6-4),可见只要取 $J=K=T$,就可以把 JK 触发器转换成 T 触发器。图 6-30(b)是转换后的 T 触发器电路图。

（3）JK 触发器转换成触发器

如果 T 触发器的输入端 $T=1$,则称它为 T′触发器,如图 6-30(c)所示。T′触发器又称一位计数器,在计数器中应用广泛。

2 **D 触发器转换成 JK、T 和 T′触发器**

由于 D 触发器只有一个信号输入端,且 $Q^{n+1} = D$,因此,只要将其他类型触发器的输入信号经过转换后变为 D 信号,即可实现转换。

（1）D 触发器转换成 JK 触发器

令 $D = J\overline{Q^n} + \overline{K}Q^n$,就可以把 D 触发器转换成 JK 触发器,转换后的 JK 触发器电路图如图6-31(a)所示。

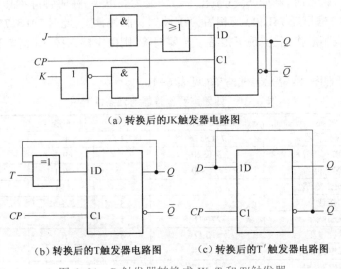

（a）转换后的JK触发器电路图

（b）转换后的T触发器电路图　　（c）转换后的T′触发器电路图

图 6-31　D 触发器转换成 JK、T 和 T′触发器

（2）D 触发器转换成 T 触发器

令 $Q^{n+1} = T\overline{Q^n} + \overline{T}Q^n$，就可以把 D 触发器转换成 T 触发器，转换后的 T 触发器电路图如图 6-31（b）所示。

（3）D 触发器转换成 T′触发器

直接将 D 触发器的 $\overline{Q}$ 端与 D 端相连，就构成了 T′触发器，转换后的 T′触发器电路图如图 6-31（c）所示。D 触发器到 T′触发器的转换最简单，计数器电路中用得最多。

实践训练1　基于74LS175的四路竞赛抢答器的制作

1　实践目标

①熟悉集成触发器的逻辑功能。
②熟悉由集成触发器构成的抢答器的工作过程。
③通过对四路竞赛抢答器的制作，熟练掌握集成触发器的正确使用。

2　内容与步骤

（1）逻辑功能要求

由集成触发器构成的改进型抢答器中，S_1、S_2、S_3、S_4 为四路抢答操作按钮。任何一个人先将某一按钮按下，则与其对应的发光二极管（LED）被点亮，表示此人抢答成功；而紧随其后的其他按钮再被按下均无效，指示灯仍保持第一个按钮按下时所对应的状态不变。S_5 为主持人控制的复位操作按钮，当 S_5 被按下时抢答器电路清零，松开后则允许抢答。

（2）项目原理图

如图 6-29 为四路竞赛抢答器原理图，其中 S_1、S_2、S_3、S_4 为抢答操作按钮，S_5 为主持人复位按钮。

（3）工作过程

当无人抢答时，$S_1 \sim S_4$ 均未被按下，$1D \sim 4D$ 均为低电平，在脉冲作用下，74LS175 输出均为低电平，LED 不亮，当有人抢答时，例如，S_1 先被按下，$1D$ 变为高电平，在时钟脉冲作用下，$1Q$ 变为高电平，LED 发光，74LS20 输出经 74LS00 反相后为 0，将时钟脉冲锁定，此时 74LS175 输出不再变化，其他抢答者按下按钮也不起作用，实现了抢答。若要清除，则由主持人按 S_5（清零）完成，并为下一次抢答做准备。

（4）根据电路原理图，确定元器件清单（见表 6-10）

表 6-10　四路竞赛抢答器的元器件清单

序号	名称	型号规格	数量	分类	测试结果
1	4D 触发器	74LS175	1	IC1	
2	双 4 输入与非门	74LS20	1	IC1	
3	双 2 输入与非门	74LS00	1	IC1	
4	发光二极管		4	LED	
5	按钮		5	$S_1 \sim S_5$	
6	碳膜电阻	270 Ω	1	R_1	
7	碳膜电阻	510 Ω	4	R_2	
8	集成电路插座	16 引脚	1		
9	集成电路插座	14 引脚	2		
10	实验板		1		

(5)根据电路原理图画出装配图

(6)完成电路的焊接及装配

(7)调试

①通电后,按下清零按钮 S_5 后,所有 LED 灭。

②分别按下 S_1、S_2、S_3、S_4 各按钮,观察对应 LED 是否点亮。

③当其中某一 LED 点亮时,再按其他按钮,观察其他 LED 的变化。

实践训练2　集成触发器功能测试及其应用

1　实践目标

①掌握基本 RS 触发器、D 触发器、JK 触发器的逻辑功能及其测试方法。

②熟悉不同结构触发器的工作特性。

2　内容与步骤

(1)D 触发器逻辑功能的测试与记录

实验使用的 D 触发器一般为双 D 74LS74、四 D 74LS175、六 D 74LS174 等,如图 6-32 所示。

①给触发器实验板连接+5 V 电源。

②从电平输出实验板上给 D 端输入电平,CP 端连接到 50 倍的脉冲输出端,脉冲输出端同时接到输出电平显示板,D 触发器的输出端接到输出电平显示板。分别给 D 端输入高低电平,观察 D 触发器的输出端电平并记录在表 6-11 中。

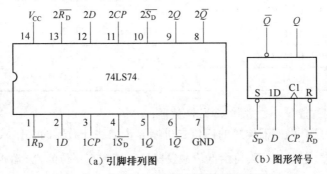

图 6-32　74LS74 引脚排列图及图形符号

表 6-11　D 触发器的输出端电平记录表

$\overline{R_D}$	$\overline{S_D}$	Q	$\overline{Q}$
1	1→0		
	0→1		
1→0	1		
0→1			
0	0		

(2)双 JK 触发器 74LS112 逻辑功能的测试与记录

按图 6-33 接线,改变 J、K、CP 状态,观察 Q、$\overline{Q}$ 状态变化。观察触发器状态更新是否发生在 CP

脉冲的下降沿(即 CP 由 $1\to0$),并记录在表6-12中。

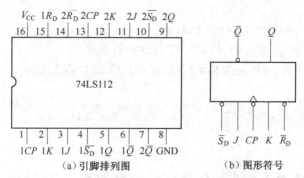

图6-33 双 JK 触发器 74LS112 引脚排列图及图形符号

表6-12 双 JK 触发器状态更新记录表

J	K	CP	Q^{n+1}	
			$Q^n = 0$	$Q^n = 1$
0	0	$0\to1$		
		$1\to0$		
0	1	$0\to1$		
		$1\to0$		
1	0	$0\to1$		
		$1\to0$		
1	1	$0\to1$		
		$1\to0$		

(3)用 D 触发器构成异步二进制加/减计数器

图6-34是用四只 D 触发器构成的四位二进制异步加法计数器的工作原理图,它的连接特点是将每个 D 触发器接成 T 触发器,再由低位触发器的 $\overline{Q}$ 端和高一位的 CP 端相连接。按图6-35连接电路,观察 D 触发器各输出端的电平并记录在表6-13中。

若将图6-34稍加改动,即将低位触发器的 Q 端与高一位的 CP 端相连接,即构成了一个四位二进制减法计数器。观察 D 触发器各输出端的电平并记录在表6-13中。

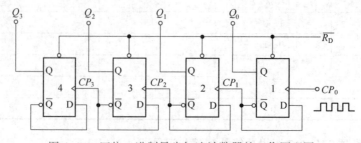

图6-34 四位二进制异步加法计数器的工作原理图

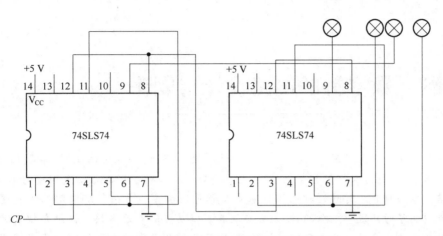

图 6-35 　四位二进制异步加法计数器接线图

表 6-13 　加/减计数器输出端电平记录表

CP	$\overline{R_D}$	加计数				减计数			
		Q_3	Q_2	Q_1	Q_0	Q_3	Q_2	Q_1	Q_0
0									
1									
2									
3									
4									
5									
6									
7									
8									
9									
10									
11									
12									
13									
14									
15									
16									

（实践过程）

学生＿＿＿＿＿＿　成绩＿＿＿＿＿＿

日期＿＿＿＿＿＿　教师＿＿＿＿＿＿

项目 ❼   数字钟的电路设计与制作

数字钟广泛用于个人家庭、车站、码头、办公室等公共场所,给人们的生活、学习、工作、娱乐带来了极大的方便,已成为人们日常生活中不可少的必需品。数字钟的核心电路是计数器,属于时序逻辑电路。本项目介绍时序逻辑电路的基本工作原理和分析方法。从电路结构和逻辑功能等方面概要地讲述了时序逻辑电路的特点、分类及其逻辑功能的表示方法。详细介绍了时序逻辑电路的具体分析方法和步骤。分别介绍了计数器、寄存器等各类常用中规模时序集成逻辑器件的工作原理和使用方法。

📺兴趣导入

数字钟是采用数字电路实现对时、分、秒数字显示的计时装置,其显示直观、走时准确;由于数字集成电路的发展,使得数字钟的精度远远超过老式钟表。下面一起来学习数字钟是怎么设计出来的吧!

相关知识1   认识时序逻辑电路

学习目标⚙

①了解时序逻辑电路结构特点、分类。
②掌握时序逻辑电路的表示方法。

1 时序逻辑电路的结构特点

数字系统中常用的各种数字部件,按原理可分为两大类,即组合逻辑电路和时序逻辑电路。在项目5中所介绍的是组合逻辑电路,其主要特点是任意时刻的输出仅由该时刻的输入状态决定,而与此前输入状态无关。在电路结构上是开环的,输入对输出没有反馈关系,如图7-1(a)所示。

图7-1(b)所示是另一类数字电路,即时序逻辑电路。电路的输出不仅与输入有关,还取决于该时刻电路的原态 Q^n。在任意给定时刻,其输出状态由该时刻的输入与电路的原态共同决定。在电路组成上,输出与输入之间至少有一条反馈线,使电路能把输入信号作用时的状态(原态) Q^n 存储起来,或者作为产生新状态(次态) Q^{n+1} 的条件,这使时序逻辑电路具有了记忆功能。

图7-1(b)中 $X(x_1, x_2, \cdots, x_i)$ 为时序逻辑电路的外部输入;$Y(y_1, y_2, \cdots, y_j)$ 为时序逻辑电路的外部输出;$Q(q_1, q_2, \cdots, q_l)$ 为时序逻辑电路的内部输入(或状态);$Z(z_1, z_2, \cdots, z_k)$ 为时序逻辑电路的内部输出(又称驱动)。

时序逻辑电路的组合逻辑部分用来产生电路的输出和驱动,存储电路部分是用其不同的状态 $(q_1, q_2, \cdots, q_l)$ 来"记忆"电路过去的输入情况。时序逻辑电路就是通过存储电路的不同状态,来记忆以前的状态。设时间 t 时刻记忆元件的状态输出为 $Q(q_1, q_2, \cdots, q_l)$,称为时序逻辑电路的原态。那么,在该时刻的输入 X 及原态 Q 的共同作用下,组合逻辑电路将产生输出 Y 及驱动 Z。而驱动用

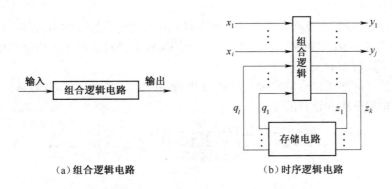

图 7-1　组合逻辑电路与时序逻辑电路

来建立存储电路新的状态输出,用图 7-1 所示时序逻辑电路逻辑功能的一般表达式为 q_1^*, q_2^*, …, q_l^*, 称为次态。

这样时序逻辑电路可由下述表达式描述:

$$y_n = f_n(x_1, x_2, \cdots, x_i, q_1, q_2, \cdots, q_l) \qquad n = 1, 2, \cdots, j \qquad (7\text{-}1)$$

$$z_p = z_p(x_1, x_2, \cdots, x_i, q_1, q_2, \cdots, q_l) \qquad p = 1, 2, \cdots, k \qquad (7\text{-}2)$$

$$q_m^* = q_m(x_1, x_2, \cdots, x_i, q_1, q_2, \cdots, q_l) \qquad m = 1, 2, \cdots, l \qquad (7\text{-}3)$$

式(7-1)称为输出方程,式(7-2)称为驱动方程(或激励方程),式(7-3)称为状态方程。上述方程表明,时序逻辑电路的输出和次态是现时刻的输入和状态的函数。需要指出的是,状态方程是建立电路次态所必需的,是构成时序逻辑电路最重要的方程。

2　时序逻辑电路的分类

时序逻辑电路有多种分类方式。主要的分类是按触发时钟脉冲 CP 控制方式的不同,可分为同步时序逻辑电路和异步时序逻辑电路两大类。同步时序逻辑电路是指其各触发器的 CP 端连在一起,所有触发器的状态变化受同一时钟脉冲的上升沿或下降沿统一控制(同步完成);而异步时序逻辑电路中各触发器的 CP 端不全连在一起,各触发器的状态变化不受同一时钟脉冲的统一控制。

3　时序逻辑电路的描述方法

前面介绍过的触发器,其次态输出 Q^{n+1} 不仅与该时刻输入变量的取值有关,并且与该触发器原态 Q^n 有关,它是一个最简单的时序逻辑电路。因此,时序逻辑电路的功能描述与触发器的功能描述相似,描述的方法有以下几种:

(1)逻辑表达式

由时序逻辑电路的结构框图所列出的输出方程、驱动方程和状态方程统称为时序逻辑电路的逻辑表达式。

(2)状态转换表

反映时序逻辑电路的输出 Y、次态 Q^{n+1} 和电路的输入 X、初态 Q^n 之间对应取值关系的表格称为状态转换表或状态表。

(3)状态转换图

反映时序逻辑电路状态转换规律及相应输入、输出之间取值关系的图形称为状态转换图或状态图。

（4）时序图

在时钟脉冲序列作用下，反映电路的状态和输出随时间变化的波形称为时序图或电路的工作波形图。时序图是状态表的时间波形表示形式，便于用实验方法检查时序逻辑电路的功能和计算机模拟。其具体画法将在后文详细介绍。

上面介绍的描述时序逻辑电路功能的四种方法，各有特点，但实质相同，且可以相互转换，它们都是时序逻辑电路分析和设计的主要工具。

相关知识 2　时序逻辑电路的分析方法

学习目标

①掌握时序逻辑电路的分析方法。

②能够正确区分同步时序逻辑电路和异步时序逻辑电路。

1　同步时序逻辑电路分析

同步时序逻辑电路分析的一般步骤：

①从给定的逻辑电路图中写出各触发器的驱动方程（即每一个触发器输入控制端的函数表达式，又称激励方程）。

②将驱动方程代入相应触发器的特性方程，得到各触发器的状态方程（又称次态方程），从而得到由这些状态方程组成的整个时序逻辑电路的状态方程组。

③根据逻辑电路图写出输出方程。

④根据状态方程、输出方程列出电路的状态表，画出状态图。

⑤对电路可用文字概括其功能，也可做出时序图或波形图。

例 7-1　时序逻辑电路如图 7-2 所示，试分析其功能。

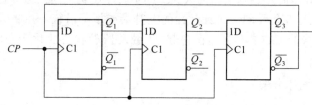

图 7-2　例 7-1 的时序逻辑电路

解：该电路为同步时序逻辑电路。电路的驱动方程为

$$D_1 = \overline{Q_3} \; ; D_2 = Q_1 \; ; D_3 = Q_2 \tag{7-4}$$

状态方程为

$$Q_1^{n+1} = \overline{Q_3} \; ; Q_2^{n+1} = Q_1 \; ; Q_3^{n+1} = Q_2 \tag{7-5}$$

电路初始状态设为 $Q_3 Q_2 Q_1 = 000$，代入式（7-4）和式（7-5）求出电路的次态 $Q_3^{n+1} Q_2^{n+1} Q_1^{n+1} = 001$，将这一结果作为新的原态，按同样方法代入式（7-4）和式（7-5）中求得电路新的次态，如此继续下去，直至次态 $Q_3^{n+1} Q_2^{n+1} Q_1^{n+1} = 000$，返回了最初设定的初始状态为止。最后检查状态表是否包含了电路所有可能出现的状态。检查结果发现，根据上述计算过程列出的状态表中只有六种状态，缺少 $Q_3 Q_2 Q_1 = 010$ 和 $Q_3 Q_2 Q_1 = 101$ 两种状态。将这两种状态代入式（7-4）和式（7-5）中计算，将计算结果补充到状态表中，得到完整的状态表，如表 7-1 所示。画出电路状态图，如图 7-3

所示。

表 7-1　例 7-1 电路的状态表

计数脉冲	Q_3^{n+1}	Q_2^{n+1}	Q_1^{n+1}	Q_3^{n+1}	Q_2^{n+1}	Q_1^{n+1}
1	0	0	0	0	0	1
2	0	0	1	0	1	1
3	0	1	1	1	1	1
4	1	1	1	1	1	0
5	1	1	0	1	0	0
6	1	0	0	0	0	0
无效状态	0	1	0	1	0	1
	1	0	1	0	1	0

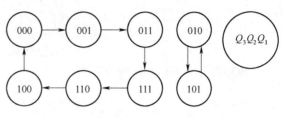

图 7-3　例 7-1 电路的状态图

由状态图可以看出,若电路进入 $Q_3Q_2Q_1 = 010$ 或 $Q_3Q_2Q_1 = 101$ 状态时,它们自身成为一个无效的计数序列,经过若干节拍后无法自动返回正常计数序列,须通过复位才能正常工作,这种情况称电路无自启动能力。该电路为六进制计数器,又称六分频电路。所谓分频电路,是将输入的高频信号变为低频信号输出的电路。六分频是指输出信号的频率为输入信号频率的 1/6,即

$$f_{out} = \frac{1}{6}f_{cp} \tag{7-6}$$

电路时序图如图 7-4 所示。

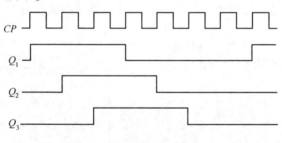

图 7-4　例 7-1 电路的时序图

2　异步时序逻辑电路分析

异步时序逻辑电路的分析方法和同步时序逻辑电路的分析方法有所不同。在异步时序逻辑电路中,不同触发器的时钟脉冲不相同,触发器只有在它自己的时钟脉冲的相应边沿才动作,而没有时钟信号的触发器将保持原来的状态不变。因此异步时序逻辑电路的分析应写出每一级的时钟方程,具体分析过程比同步时序逻辑电路复杂。

例 7-2　已知异步时序逻辑电路的逻辑电路图如图 7-5 所示,试分析其功能。

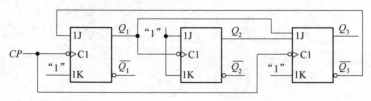

图 7-5　例 7-2 的异步时序逻辑电路

解:由图可知,电路无输入控制变量,输出则是各级触发器状态变量的组合。第一级和第三级触发器共用一个外部时钟脉冲;第二级触发器的时钟由第一级触发器的输出提供。

各触发器的驱动方程为

$$\begin{cases} J_1 = \overline{Q_3^n} \\ J_2 = 1 \\ J_3 = Q_1^n Q_2^n \end{cases} \quad \begin{cases} K_1 = 1 \\ K_2 = 1 \\ K_3 = 1 \end{cases} \tag{7-7}$$

电路的状态方程和时钟方程为

$$\begin{cases} Q_1^{n+1} = \overline{Q_1^n}\ \overline{Q_3^n};(CP_1 = CP\downarrow) \\ Q_2^{n+1} = \overline{Q_2^n};(CP_2 = Q_1\downarrow) \\ Q_3^{n+1} = Q_1^n Q_2^n\ \overline{Q_3^n};(CP_3 = CP\downarrow) \end{cases} \tag{7-8}$$

状态方程式(7-8)仅在括号内触发器时钟下降沿才成立,其余时刻均处于保持状态。在列写状态表时,须注意找出每次电路状态转换时各个触发器是否有式(7-8)括号内写入量的下降沿,再计算各触发器的次态。

当电路原态 $Q_3^n Q_2^n Q_1^n = 000$ 时,代入 Q_1^{n+1} 和 Q_3^{n+1} 的次态方程,可得在 CP 作用下 $Q_1^{n+1}=1$, $Q_3^{n+1}=0$,此时 Q_1 为 $0\to1$,产生一个上升沿,用符号 ↑ 表示,而 $CP_2 = Q_1$,因此 Q_2 处于保持状态,即 $Q_2^{n+1} = Q_2^n = 0$。电路次态为001。

当电路原态为 001 时,$Q_1^{n+1}=0$,$Q_3^{n+1}=0$,此时 Q_1 为 $1\to0$,产生一个下降沿,用符号 ↓ 表示,Q_2 翻转,即 Q_2 为 $0\to1$,电路次态为010,依此类推,列出电路状态表见表7-2。

表7-2 例7-2 电路的状态表

原 态			时钟脉冲			次 态		
Q_3^n	Q_2^n	Q_1^n	$CP_3 = CP$	$CP_2 = Q_1$	$CP_1 = CP$	Q_3^{n+1}	Q_2^{n+1}	Q_1^{n+1}
0	0	0	↓	↑	↓	0	0	1
0	0	1	↓	↓	↓	0	1	0
0	1	0	↓	↑	↓	0	1	1
0	1	1	↓	↓	↓	1	0	0
1	0	0	↓	0	↓	0	0	0
1	0	1	↓	↓	↓	0	1	0
1	1	0	↓	0	↓	0	1	0
1	1	1	↓	0	↓	0	0	0

根据状态表画出状态图如图7-6所示。该电路是异步三位五进制加法计数器,且具有自启动能力。

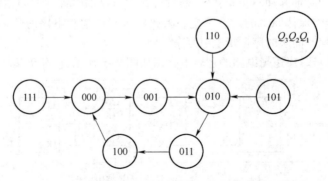

图7-6 例7-2 电路的状态图

电路时序图如图 7-7 所示。

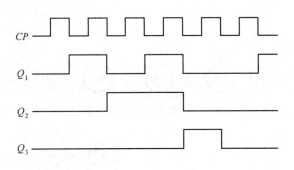

图 7-7　例 7-2 电路的时序图

相关知识 3　计　数　器

学习目标

①了解计数器功能及分类。
②掌握二进制计数器、十进制计数器的逻辑功能及分析。
③掌握集成计数器芯片的原理、逻辑功能及应用。

1　计数器的分类

计数器的种类很多,可以按照多种方式进行分类。

计数器累计输入脉冲的最大数目称为计数器的"模",用 M 表示。计数器的"模"实际上为电路的有效状态。如果按计数器中进位模数分类,可以分为二进制计数器、十进制计数器和任意进制计数器。当输入计数脉冲到来时,按二进制规律进行计数的电路称为二进制计数器;十进制计数器是按十进制规律进行计数的电路;除了二进制和十进制计数器之外的其他进制的计数器都称为任意进制计数器。

如果按计数器中的触发器是否同步翻转,可以把计数器分为同步计数器和异步计数器。在同步计数器中,各个触发器的计数脉冲相同,即电路中有一个统一的计数脉冲;在异步计数器中,各个触发器的计数脉冲不同,即电路中没有统一的计数脉冲来控制电路状态的变化,电路状态改变时,电路中要更新状态的触发器的翻转有先有后,是异步进行的。

如果按计数增减趋势分类,还可以把计数器分为加法计数器、减法计数器和可逆计数器。当输入计数脉冲到来时,按递增规律进行计数的电路称为加法计数器;按递减规律进行计数的电路称为减法计数器;在加减信号控制下,既可以递增计数又可以递减计数的称为可逆计数器。

2　二进制计数器

(1)二进制同步计数器

①二进制同步加法计数器。以三位二进制同步加法计数器为例,说明二进制同步加法计数器的组成规律。

根据二进制递增计数规律,可画出三位二进制同步加法计数器状态图如图 7-8 所示。

三位二进制同步加法计数器的逻辑电路图和时序图分别如图 7-9 和图 7-10 所示。

从图 7-10 中可以看出,每当 CP 下降沿到来,FF_0 翻转一次;当 $Q_0 = 1$ 时,FF_1 在 CP 下降沿翻

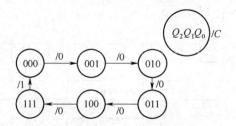

图 7-8　三位二进制同步加法计数器的状态图

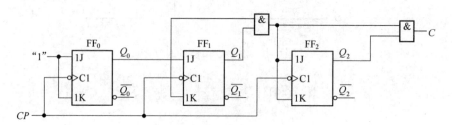

图 7-9　三位二进制同步加法计数器的逻辑电路图

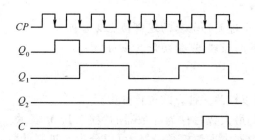

图 7-10　三位二进制同步加法计数器的时序图

转;当 $Q_0 = Q_1 = 1$ 时,CP 下降沿 FF$_2$ 翻转。

②二进制同步减法计数器。以三位二进制同步减法计数器为例,说明二进制同步减法计数器的组成规律。

根据二进制递减计数规律,可画出三位二进制同步减法计数器状态图如图 7-11 所示。

二进制同步减法计数器是按照二进制减法运算规则进行计数的,其工作原理为:在 n 位二进制同步减法计数器中,只有当第 i 位以下各位同时为 0,低位需向高位借位时,在时钟脉冲的作用下第 i 位状态应当翻转。最低位触发器每来一个时钟脉冲就翻转一次。

根据图 7-11 所示的状态图,可以画出三位二进制同步减法计数器的时序图,如图 7-12 所示。

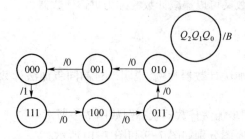

图 7-11　三位二进制同步减法计数器的状态图

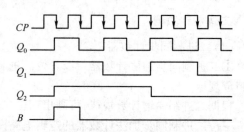

图 7-12　三位二进制同步减法计数器的时序图

从图 7-12 中可以看出,每当 CP 下降沿到来,FF_0 翻转一次;当 $Q_0 = 0$ 时,CP 下降沿到来 FF_1 翻转;当 $Q_0 = Q_1 = 0$ 时,CP 下降沿到来 FF_2 翻转。

其逻辑电路图如图 7-13 所示。

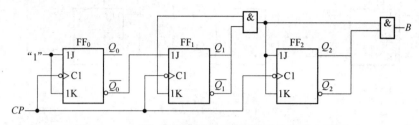

图 7-13　三位二进制同步减法计数器的逻辑电路图

③二进制同步可逆计数器。在实际应用中,通过加减控制信号,将二进制同步加法计数器和减法计数器合并,就可构成二进制同步可逆计数器。

设用 U'/D 表示加减控制信号,且 $U'/D = 0$ 时进行加计数,$U'/D = 1$ 时进行减计数,三位二进制同步可逆计数器的逻辑电路图如图 7-14 所示。

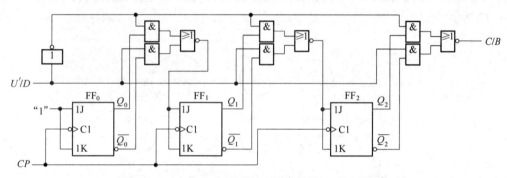

图 7-14　三位二进制同步可逆计数器的逻辑电路图

(2)二进制异步计数器

①二进制异步加法计数器。以三位二进制异步加法计数器为例,说明二进制异步加法计数器的组成规律。

当时钟脉冲到来,FF_0、FF_1 和 FF_2 均实现翻转功能。由于选用的是时钟脉冲下降沿触发的边沿 JK 触发器,只要取 $J = K = 1$ 即可。根据这个原理,可接成图 7-15 所示的三位二进制异步加法计数器。

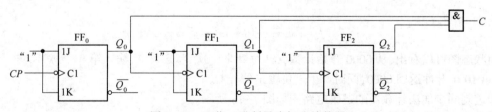

图 7-15　三位二进制异步加法计数器

②二进制异步减法计数器。根据二进制减法计数规则,若低位触发器已经为 0,当计数脉冲到来,不仅该位应翻转成 1,同时还需要向高位发出借位信号,使高位翻转。所以,将低位触发器的 Q' 端接到高位触发器的 CP 输入端,则可构成二进制异步减法计数器如图 7-16 所示。

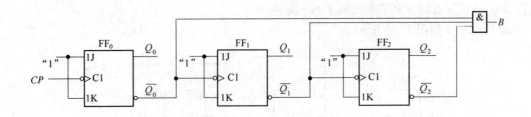

图 7-16 三位二进制异步减法计数器

3 十进制计数器

常见的十进制计数器是按照 8421BCD 码进行计数的电路。

（1）十进制同步计数器

在十进制同步计数器中，使用最多的是十进制同步加法计数器，它是在四位二进制同步加法计数器的基础上修改而成的。当 CP 到来时，电路按照 8421BCD 码进行加法计数，可以画出状态图如图 7-17 所示。

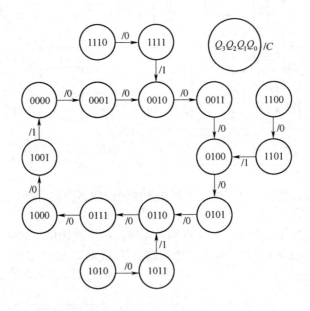

图 7-17 十进制同步加法计数器的状态图

由状态图可以看出，从 0000 开始计数，CP 每到来一次，状态增 1，输入第 9 个脉冲，进入 1001 状态，第 10 个脉冲返回 0000，同时产生进位输出信号 C。

十进制同步加法计数器的逻辑电路图如图 7-18 所示。

（2）十进制异步计数器

十进制异步加法计数器是在四位二进制异步加法计数器的基础上修改而得到的。它在计数过程中跳过了 1010~1111 这六种状态。图 7-19 为十进制异步加法计数器的逻辑电路图。

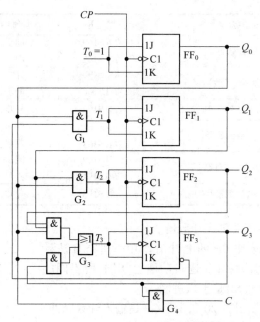

图 7-18 十进制同步加法计数器的逻辑电路图

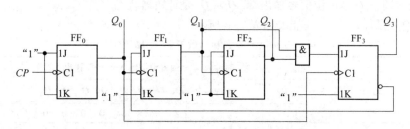

图 7-19 十进制异步加法计数器的逻辑电路图

4 中规模集成计数器的应用

（1）器件认识

中规模集成计数器具有功能较完善、通用性强、功耗低、工作速率高且可以自扩展等优点，因而得到广泛应用。目前由 TTL 和 CMOS 电路构成的中规模集成计数器都有许多品种，表 7-3 列出了几种常用 TTL 型中规模集成计数器的型号及工作特点。

表 7-3 几种常用 TTL 型中规模集成计数器的型号及工作特点

类型	名 称	型 号	预 置	清 0
异步计数器	二、五、十进制计数器	74LS90	异步置9,高	异步,高
		74LS290	异步置9,高	异步,高
		74LS196	异步,低	异步,低
	二、八、十六进制计数器	74LS293	无	异步,高
		74LS197	异步,低	异步,低
	双四位二进制计数器	74LS393	无	异步,高

类型	名　称	型　号	预　置	清0
同步计数器	十进制计数器	74LS160	同步,低	异步,低
		74LS162	同步,低	同步,低
	十进制加/减计数器	74LS190	异步,低	无
		74LS168	同步,低	无
	十进制加/减计数器(双时钟)	74LS192	异步,低	异步,高
	四位二进制计数器	74LS161	同步,低	异步,低
		74LS163	同步,低	同步,低
	四位二进制加/减计数器	74LS169	同步,低	无
		74LS191	异步,低	无
	四位二进制加/减计数器(双时钟)	74LS193	异步,低	异步,高

下面介绍几种典型的中规模集成计数器。

74LS160/161 均在计数脉冲 CP 的上升沿作用下进行加法计数,其中 74LS160/161 二者引脚相同,逻辑功能也相同,所不同的是 74LS160 是十进制,而 74LS161 是十六进制。

①74LS161 的图形符号如图 7-20 所示。CP 是输入计数脉冲,$\overline{R_D}$ 是清零端,$\overline{LD}$ 是预置端,EP 和 ET 是工作状态控制端,$D_0 \sim D_3$ 是并行数据输入端,CO 是进位信号输出端,$Q_0 \sim Q_3$ 是计数器状态输出端,其中 Q_3 为最高位。其功能表如表 7-4 所示。

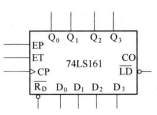

图 7-20　74LS161 的图形符号

表 7-4　四位同步二进制计数器 74LS161 的功能表

清零	预置	使能		时钟	预置数据输入	输出		工作模式
$\overline{R_D}$	LD	EP	ET	CP	$D_3\ D_2\ D_1\ D_0$	$Q_3\ Q_2\ Q_1\ Q_0$		
0	×	×	×	×	× × × ×	0　0　0　0		异步清零
1	0	×	×	↑	$d_3\ d_2\ d_1\ d_0$	$d_3\ d_2\ d_1\ d_0$		同步置数
1	1	0	×	×	× × × ×	保　持		数据保持
1	1	×	0	×	× × × ×	保　持		数据保持
1	1	1	1	↑	× × × ×	十进制计数		加法计数

②表 7-4 是它的功能表,从表中可知:

CP 为计数脉冲输入端,上升沿有效。

$\overline{R_D}$ 为异步清零端,低电平有效,只要 $\overline{R_D} = 0$,立即有 $Q_3Q_2Q_1Q_0 = 0000$,与 CP 无关。

$\overline{LD}$ 为同步预置端,低电平有效,当 $\overline{R_D} = 1,\overline{LD} = 0$,在 CP 上升沿到来时,并行输入数据 $D_0 \sim D_3$ 进入计数器,使 $Q_3Q_2Q_1Q_0 = D_3D_2D_1D_0$。

EP 和 ET 是工作状态控制端,高电平有效,

当 $\overline{R_D} = \overline{LD} = 1$ 时,若 $EP \cdot ET = 1$,在 CP 作用下计数器进行加法计数。

当 $\overline{R_D} = \overline{LD} = 1$ 时,若 $EP \cdot ET = 0$,则计数器处于保持状态。EP 和 ET 的区别是 ET 影响进位信号输出 CO,而 EP 不影响进位信号输出 CO。

(2)器件应用

在中规模集成计数器实际产品中,一般只有二进制和十进制两大类,但在实际应用中,常要用

到其他进制计数器。例如,在时钟电路中,要有二十四进制和六十进制计数器等。利用 MSI 计数器芯片的外部不同方式的连接或片间组合,可以很方便地构成任意进制(N)计数器。

74LS160/161 有异步清零和同步置数功能,因此可以采用异步清零法和同步置数法实现任意进制计数器。

①异步清零。异步清零法是将 N 进制计数器的输出 $Q_3Q_2Q_1Q_0$ 中等于"1"的输出端,通过一个与非门反馈到清零端 $\overline{R_D}$,使输出回零,又称 N 值法。

七进制加法计数器状态表见表 7-5,逻辑电路图如图 7-21 所示,这是 74LS161 采用异步清零法构成的七进制计数器电路。因为 $N=7$,其对应的二进制数为 0111(即 $Q_3Q_2Q_1Q_0 = 0111$),所以将 Q_3、Q_2、Q_1 通过与非门接至清零端 $\overline{R_D}$,当第七个 $CP\uparrow$ 上升沿到来时,Q_3、Q_2、Q_1 均为"1",经与非后使 $\overline{R_D}=0$,同时计数器清零,实现了七进制。

表 7-5　七进制加法计数器状态表(异步清零法)

CP				
1	0	0	0	0
2	0	0	0	1
3	0	0	1	0
4	0	0	1	1
5	0	1	0	0
6	0	1	0	1
7	0	1	1	0
8	0	1	1	1

过渡态

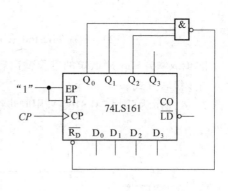

图 7-21　74LS161 实现七进制计数器(异步清零法)

②同步置数法。同步置数法是利用预置数端 $\overline{LD}$ 和数据输入端 $D_3D_2D_1D_0$ 来实现的,因 $\overline{LD}$ 是同步置数,所以只能采用 $N-1$ 值反馈法。

仍以实现七进制计数器为例,用预置数法实现的电路如图 7-22 所示。先令 $D_3D_2D_1D_0 = 00000$,并以此为计数初始状态。当第六个 CP 上升沿到来时,$Q_3Q_2Q_1Q_0 = 0110$,则 $\overline{LD} = 0$,置数功能有效,但此时还不能置数,只有当第七个 CP 上升沿到来时,才能同步置数,使 $Q_3Q_2Q_1Q_0 = D_3D_2D_1D_0 = 0000$,完成一个计数周期,状态表如表 7-6 所示。

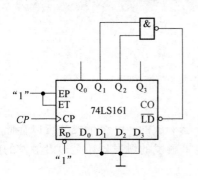

图 7-22　74LS161 实现七进制计数器(同步置数法)

表 7-6　七进制加法计数器状态表(同步置数法)

CP	Q_3	Q_2	Q_1	Q_0
1	0	0	0	0
2	0	0	0	1
3	0	0	1	0
4	0	0	1	1
5	0	1	0	0
6	0	1	0	1
7	0	1	1	0

③有关级联的问题。一片74LS160/161只能实现十进制/十六进制以内的计数器,当超过十进制/十六进制的时候,就需要用多片计数器来实现,这就是级联问题。所谓级联就是片与片之间的连接。

a. 异步级联方式。用低位计数器的进位输出触发高位计数器的计数脉冲 CP 端,由于各片的 CP 端没有连在一起,所以为异步级联方式。

图7-23所示为两片74LS160采用异步级联方式实现的一百进制计数器。具体原理读者可自行分析。异步级联方式工作速度较慢。

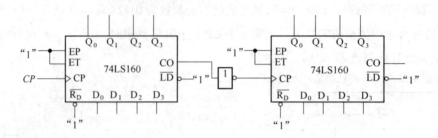

图7-23　两片74LS160采用异步级联方式实现的一百进制计数器

b. 同步级联方式。用低位的进位输出触发高位的 EP、ET 端,由于各片的 CP 端都连在一起,所以为同步级联方式。

图7-24所示为两片74LS160采用同步级联方式实现的一百进制计数器。具体原理读者可自行分析。

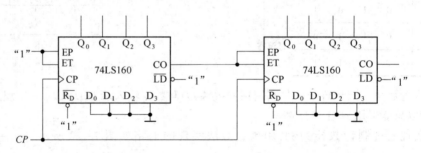

图7-24　两片74LS160采用同步级联方式实现的一百进制计数器

相关知识4　寄　存　器

学习目标

①了解寄存器的功能的及分类。
②掌握基本寄存器和移位寄存器的逻辑功能及分析。
③掌握集成寄存器芯片的原理、逻辑功能及应用。

寄存器用于存储数据,是由一组具有存储功能的触发器构成的。一个触发器可以存储一位二进制数,要存储 n 位二进制数需要 n 个触发器。无论是电平触发的触发器还是边沿触发的触发器都可以组成寄存器。

按照功能的不同,可将寄存器分为基本寄存器和移位寄存器两类。基本寄存器只能并行送入数据,需要时也只能并行输出;移位寄存器具有数据移位功能,在移位脉冲作用下,存储在寄存器中的数据可以依次逐位右移或左移。数据输入/输出方式有并行输入并行输出、串行输入串行输出、并行输入串行输出、串行输入并行输出四种。

1 基本寄存器

基本寄存器中的触发器只具有置 1 和置 0 功能,因此,用基本触发器、同步触发器、主从触发器和边沿触发器实现均可。图 7-25 是用边沿 D 触发器组成的四位寄存器 74LS175。$D_0 \sim D_3$ 是并行数据输入端,$Q_0 \sim Q_3$ 是并行数据输出端,$\overline{R_D}$ 是清零端,CP 是时钟控制端。

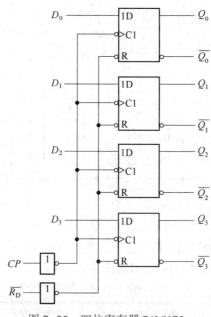

图 7-25 四位寄存器 74LS175

由表 7-7 可知,当 $\overline{R_D} = 0$ 时,寄存器异步清零;当 $\overline{R_D} = 1$,在 CP 上升沿到来时刻,$D_0 \sim D_3$ 被并行送入四个触发器中,寄存器的输出 $Q_3^{n+1}Q_2^{n+1}Q_1^{n+1}Q_0^{n+1} = D_3D_2D_1D_0$,数据被锁存,直至下一个上升沿到来,故该寄存器又称并行输入、并行输出寄存器;当 $\overline{R_D} = 1,CP$ 上升沿以外的时间,寄存器内容保持不变。此时,输入端 $D_0 \sim D_3$ 输入数据不会影响寄存器输出,所以这种寄存器具有很强的抗干扰能力。

表 7-7 四位寄存器 74LS175 的逻辑功能表

$\overline{R_D}$	CP	Q_3^{n+1}	Q_2^{n+1}	Q_1^{n+1}	Q_0^{n+1}	工作状态
0	×	0	0	0	0	异步清零
1	↑	D_3	D_2	D_1	D_0	并行送数
1	0/1/↓	Q_3	Q_2	Q_1	Q_0	保持

2 移位寄存器

移位寄存器不仅具有存储功能,而且存储的数据能够在时钟脉冲控制下逐位左移或者右移。根据移位方式的不同,移位寄存器可分为单向移位寄存器和双向移位寄存器两大类。

(1)单向移位寄存器

单向移位寄存器分为右移寄存器(见图 7-26)和左移寄存器(见图 7-27)。

以图 7-26 中的右移寄存器为例,当 CP 上升沿到来,串行输入端 D_i 送数据入 FF_0 中,$FF_1 \sim FF_3$ 接收各自左边触发器的状态,即 $FF_0 \sim FF_2$ 的数据依次向右移动一位。经过四个时钟信号作用,四个数据被串行送入寄存器的四个触发器中,此后可从 $Q_0 \sim Q_3$ 获得四位并行输出,实现串并转换。再经过四个时钟信号的作用,存储在 $FF_0 \sim FF_3$ 的数据依次从串行输出端 Q_3 移出,实现并串转换。

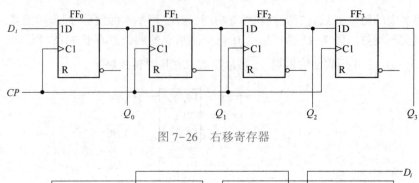

图 7-26 右移寄存器

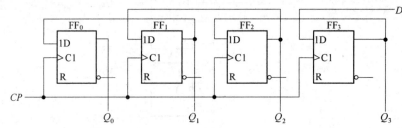

图 7-27 左移寄存器

如表 7-8 所示,在四个时钟周期内依次输入四个 1,经过四个 CP 脉冲,寄存器变成全 1 状态,再经过四个时钟脉冲连续输入四个 0,寄存器被清零。

表 7-8 四位右移寄存器的状态表

输 入		原 态				次 态				输 出
D_i	CP	Q_0^n	Q_1^n	Q_2^n	Q_3^n	Q_0^{n+1}	Q_1^{n+1}	Q_2^{n+1}	Q_3^{n+1}	Q_3
1	↑	0	0	0	0	1	0	0	0	0
1	↑	1	0	0	0	1	1	0	0	0
1	↑	1	1	0	0	1	1	1	0	0
1	↑	1	1	1	0	1	1	1	1	1
0	↑	1	1	1	1	0	1	1	1	1
0	↑	0	1	1	1	0	0	1	1	1
0	↑	0	0	1	1	0	0	0	1	1
0	↑	0	0	0	1	0	0	0	0	0

单向移位寄存器的特点如下:

①在时钟脉冲 CP 的作用下,单向移位寄存器中的数据可以依次左移或右移。

②n 位单向移位寄存器可以寄存 n 位二进制代码。n 个 CP 脉冲即可完成串行输入工作,并从 $Q_0 \sim Q_{n-1}$ 并行输出端获得 n 位二进制代码,再经 n 个 CP 脉冲即可实现串行输出工作。

③若串行输入端连续输入 n 个 0,在 n 个 CP 脉冲周期后,寄存器被清零。

（2）双向移位寄存器

在单向移位寄存器的基础上，把右移寄存器和左移寄存器组合起来，加上移位方向控制信号和控制电路，即可构成双向移位寄存器。常用的中规模集成芯片有 74LS194，它除了具有左移、右移功能之外，还具有并行数据输入和在时钟信号到达时保持原来状态不变等功能。

74LS194 由四个 RS 触发器和一些门电路所构成，每个触发器的输入都是由一个四选一数据选择器给出的。其图形符号如图 7-28 所示。

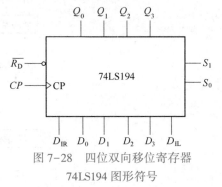

图 7-28 四位双向移位寄存器
74LS194 图形符号

$D_0 \sim D_3$ 是并行数据输入端，$Q_0 \sim Q_3$ 是并行数据输出端，D_{IR} 是右移串行数据输入端，D_{IL} 是左移串行数据输入端，R'_D 是异步清零端，低电平有效。S_1、S_0 是工作方式选择端，其选择功能是：$S_1S_0 = 00$ 为状态保持，$S_1S_0 = 01$ 为右移，$S_1S_0 = 10$ 为左移，$S_1S_0 = 11$ 为并行送数。四位双向移位寄存器 74LS194 的功能表见表 7-9。

表 7-9 四位双向移位寄存器 74LS194 的功能表

$\overline{R_D}$	S_1	S_0	CP	D_{IL}	D_{IR}	D_0	D_1	D_2	D_3	Q_0^{n+1}	Q_1^{n+1}	Q_2^{n+1}	Q_3^{n+1}	说 明
0	×	×	×	×	×	×	×	×	×	0	0	0	0	异步清零
1	×	×	0	×	×	×	×	×	×	Q_0	Q_1	Q_2	Q_3	保持
1	1	1	↑	×	×	D_0	D_1	D_2	D_3	D_0	D_1	D_2	D_3	并行送数
1	0	1	↑	×	0	×	×	×	×	0	Q_1	Q_2	Q_3	右移
1	0	1	↑	×	1	×	×	×	×	1	Q_1	Q_2	Q_3	右移
1	1	0	↑	0	×	×	×	×	×	Q_0	Q_1	Q_2	0	左移
1	1	0	↑	1	×	×	×	×	×	Q_0	Q_1	Q_2	1	左移
1	0	0	×	×	×	×	×	×	×	Q_0	Q_1	Q_2	Q_3	保持

相关知识 5 数字钟电路剖析

学习目标

①认识数字钟电路原理电路。

②能够分析数字钟各部分电路。

数字钟的逻辑框图如图 7-29 所示。它由石英晶体振荡器、分频器、计数器、译码器、显示器和校准电路等组成。石英晶体振荡器产生的信号经过分频器作为秒脉冲，秒脉冲送入计数器计数，计数结果通过"时""分""秒"译码器译码，经数码管显示时间。

1 秒信号发生器

如图 7-30 所示，秒信号发生器可以产生频率为 1 Hz 的时间基准信号，为整个数字钟提供秒信号（1 s）触发脉冲。

秒信号发生器中一般采用 32 768 Hz（2^{15}Hz）的石英晶体振荡器，经过 15 级分频，获得 1 Hz 的秒信号。其中 CD4060 是 14 级二进制计数器/分频器/振荡器，再外加一级 D 触发器（74LS74）二分频，最后输出 1 Hz 的时基信号。CD4060 的引脚排列图如图 7-31 所示，各引脚功能如下：1 引脚是

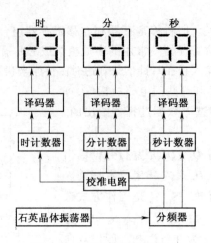

图 7-29　数字钟的逻辑框图

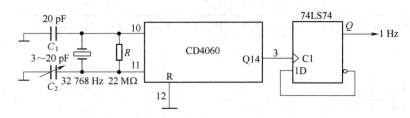

图 7-30　秒信号发生器

12 分频输出,2 引脚是 13 分频输出,3 引脚是 14 分频输出,4 引脚是 6 分频输出,5 引脚是 5 分频输出,6 引脚是 7 分频输出,7 引脚是 4 分频输出,8 引脚 V_{SS} 接地,9 引脚是信号正向输出,10 引脚是信号反向输出,11 引脚是信号输入,12 引脚是复位信号输入,13 引脚是 9 分频输出,14 引脚是 8 分频输出,15 引脚是 10 分频输出,16 脚是 V_{DD} 电源。表 7-10 为 CD4060 的功能表。

电路中 R 为反馈电阻,一般取 22 MΩ;C_2 为微调电容,可调节振荡频率。

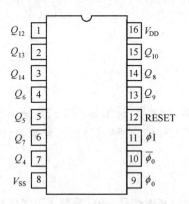

图 7-31　CD4060 的引脚排列图

表 7-10　CD4060 的功能表

R	CP	功能
1	×	清零
0	↑	保持
0	↓	计数

2 "秒""分"计时电路

"秒""分"计时电路为六十进制计数器,其中"秒""分"的个位采用十进制计数器,十位采用六进制计数器,"时"计时电路为二十四进制计数器。这里采用 CD4518 构成。

（1）CD4518 引脚排列图

CD4518 是较常用的一种 CMOS 同步十进制计数器,主要特点是时钟触发既可用上升沿,也可用下降沿,输出为 8421 码。引脚排列图如图 7-32 所示。

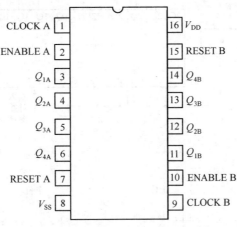

图 7-32　CD4518 引脚排列图

（2）逻辑功能介绍

CD4518 内含有两个完全相同的十进制计数器,每一个计数器,均有两个时钟输入端 CLOCK A 和 CLOCK B。若从 CP 端输入时钟信号,则要求上升沿触发,同时将 EN 端设置为低电平。CR 端为清零信号输入端,当在该引脚加高电平时,计数器的各输出端均为零电平。CD4518 的逻辑功能见表 7-11。

表 7-11　CD4518 的逻辑功能表

输　入			输　出
RESET	**CLOCK**	**ENABLE**	
1	×	×	全部为 0
0	↑	1	计数
0	0	↓	计数
0	↓	×	保持
0	×	↑	
0	↑	0	
0	1	↓	

（3）CD4518 的应用

用一片 CD4518 构成二十四进制计数器电路图如图 7-33 所示。每当个位计数器计数到 9（1001）时,再来一个 CP 信号触发,即可使个位计数器回 0（0000）。此时,十位计数器的 $2EN$ 获得一个脉冲下降沿使之开始计数,计入 1。当十位计数器计数到 2（0010）,个位计数器计数到 4（0100）时,通过与门控制使十位计数器和个位计数器同时清零,从而实现二十四进制计数器。

图 7-34 所示为用 CD4518 构成六十进制计数器电路图,读者请自行分析原理。

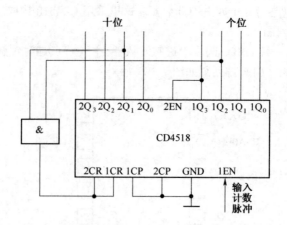

图 7-33 用 CD4518 构成二十四进制计数器电路图

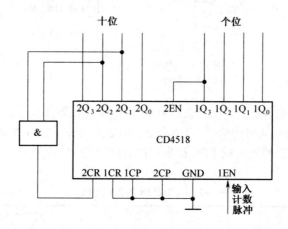

图 7-34 用 CD4518 构成六十进制计数器电路图

3 译码显示电路

"时""分""秒"各部分的译码和显示电路完全相同,均采用七段显示器74LS248直接驱动LED共阴极数码管LC5011-11,如图7-35所示。

4 校时电路

当数字钟不准确时,需要通过校时电路来进行校准,如图7-35所示。"秒"校时采用等待校时法。在正常工作时,将开关S_1置于V_{CC}位置,不影响与门G_1传送秒计时信号;要进行校时时,将开关S_1拨向接地位置,封闭与门G_1,暂停秒计时。待标准时间到达,立即将S_1拨回V_{CC}位置,开放G_1。"分"和"时"校时采用快进校时法。正常工作时,开关S_2和S_3接地,封闭G_3和G_5,不影响或门G_2和G_4传送分、时进位脉冲;进行校时时,将S_2和S_3拨向V_{CC}位置,秒脉冲通过G_2、G_3直接触发分、时计数器,使分、时计数器以秒节奏快进。待标准分、时一到,立即将S_2、S_3拨向V_{CC}位置,封锁秒脉冲信号,恢复或门G_2、G_4对秒、分进位计数脉冲的传送。

数字钟电路原理图如图7-35所示。由图可见,该数字钟由秒脉冲发生器,六十进制秒、分计时电路,二十四进制时计时电路,以及译码显示电路和校时电路等组成。

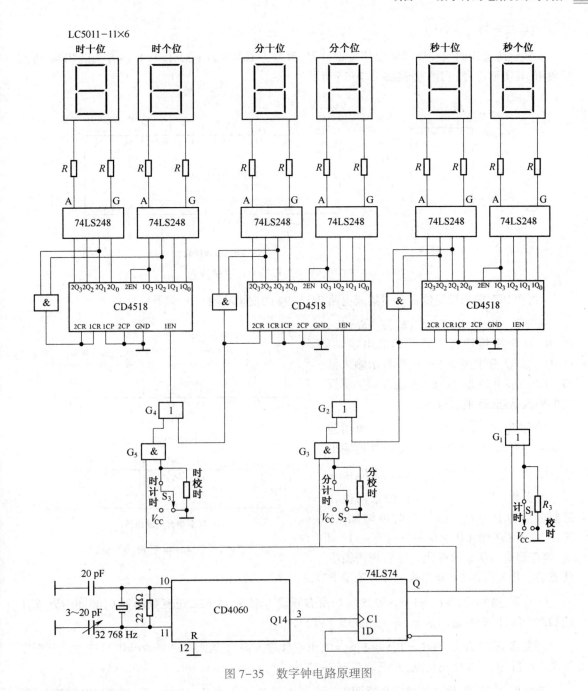

图 7-35　数字钟电路原理图

实践训练　移位寄存器应用电路连接与功能测试

1 **实践目标**

①了解集成电路移位寄存器的逻辑功能。
②掌握集成电路移位寄存器的使用方法。

2 内容与步骤

实践训练选用的四位双向通用移位寄存器,型号为 CC40194 或 74LS194,两者功能相同,可互换使用,其图形符号及引脚排列如图 7-36 所示。

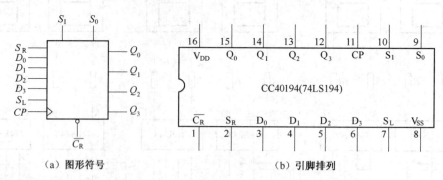

（a）图形符号　　　　　　　　　　　（b）引脚排列

图 7-36　CC40194 的图形符号及引脚排列

（1）测试双向通用移位寄存器集成电路 74LS194 的逻辑功能

按图 7-37 接线,$\overline{C_R}$、S_1、S_0、S_L、S_R、D_0、D_1、D_2、D_3 分别接至逻辑开关的输出接口;Q_0、Q_1、Q_2、Q_3 分别接至逻辑电平显示输入接口。CP 端接单次脉冲源。按表 7-12 所规定的输入状态,逐项进行测试。

① 清除:令 $\overline{C_R}=0$（低有效）,其他功能端均为任意态（×）,此时该移位寄存器输出 Q_3，Q_2，Q_1，Q_0 应均为"0",清除后,置 $\overline{R_D}=1$。

② 送数:令 $\overline{C_R}=S_1=S_0=1$,任意四位二进制数如 $D_3D_2D_1D_0=abcd$ 在时钟端加 CP 脉冲,观测 $CP=0$,CP 由 $0\to1$ 和 CP 由 $1\to0$ 时,寄存器输出状态的变化。注意观测输出状态的变化发生在 CP 脉冲的上升沿还是下降沿。

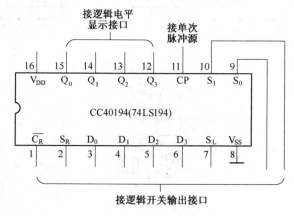

图 7-37　CC40194 逻辑功能测试

③ 右移:清零后,令 $\overline{C_R}=1$,$S_1=0$,$S_0=1$,由右移输入端 S_R 送入二进制数码如 0100,由 CP 端连续加四个脉冲,观察输出情况,并记录在表 7-12 中。

④ 左移:清零后,再令 $\overline{C_R}=1$,$S_1=1$,$S_0=0$,由左移输入端 S_L 送入二进制数码如 1111,由 CP 端连续加四个脉冲,观察输出情况,并记录在表 7-12 中。

⑤ 保持:清零后,寄存器预置任意四位二进制数码如 $abcd$,令 $\overline{C_R}=1$,$S_1=S_0=0$,加 CP 脉冲,观察寄存器输出状态,并记录在表 7-12 中。

表 7-12　74LS194 的逻辑功能测试记录表

清除	模式		时钟	串行		输入				输出				功能总结
$\overline{C_R}$	S_1	S_0	CP	S_L	S_R	D_3	D_2	D_1	D_0	Q_0	Q_1	Q_2	Q_3	
0	×	×	×	×	×	×	×	×	×					

续表

清除	模式		时钟	串行		输入				输出	功能总结
1	×	×	0	×	×	×	×	×	×		
1	1	1	↑	×	×	a	b	c	d		
1	0	1	↑	×	1	×	×	×	×		
1	0	1	↑	×	0	×	×	×	×		
1	1	0	↑	1	×	×	×	×	×		
1	1	0	↑	0	×	×	×	×	×		
1	0	0	×	×	×	×	×	×	×		

（2）循环移位实验

按图 7-38 所示，连接成一个循环右移实验电路。用并行送数法预置寄存器为某二进制数码，如 0100，然后进行右移循环，观察寄存器输出状态的变化，记入表 7-13 中。

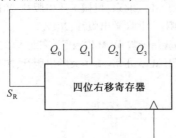

图 7-38　循环移位寄存器

表 7-13　循环移位测试记录表

CP	Q_0	Q_1	Q_2	Q_3
0				
1				
2				
3				
4				

（3）根据实践结果说明 $\overline{C_R}$、S_1、S_0、CP、S_L、S_R 的作用

（实践过程）

学生_____成绩_____

日期_____教师_____

参 考 文 献

[1] 康华光．电子技术基础[M]．4版．北京:高等教育出版社,2000.

[2] 张杰．电子技术[M]．北京:中国电力出版社,2007.

[3] 付植桐．电子技术[M]．5版．北京:高等教育出版社,2015.

[4] 胡宴如．模拟电子技术[M]．4版．北京:高等教育出版社,2015.

[5] 王连英．数字电子技术[M]．北京:高等教育出版社,2014.

[6] 田培成,沈任元．数字电子技术基础[M]．3版．北京:机械工业出版社,2015.

[7] 田培成,沈任元．模拟电子技术[M]．3版．北京:机械工业出版社,2015.

[8] 邱寄帆．数字电子技术[M]．北京:高等教育出版社,2015.

[9] 胡宴如．模拟电子技术[M]．5版．北京:高等教育出版社,2015.

[10] 黄晴．电子产品工艺及项目训练[M]．北京:电子工业出版社,2015.

[11] 陈梓城．电子技术实训[M]．2版．北京:机械工业出版社,2014.

[12] 王成福．电子产品原理分析与故障检修[M]．北京:电子工业出版社,2011.

[13] 贺力克．模拟电子技术项目教程[M]．北京:机械工业出版社,2012.

[14] 徐佳,贾昊．电子技术[M]．沈阳:东北大学出版社,2017.

[15] 孙正凤,吕雪．模拟电子技术实验指导教程[M]．沈阳:东北大学出版社,2017.

[16] 李福军．数字电子技术项目教程[M]．北京:清华大学出版社,2011.